U0299978

生命科学系列丛书

番茄抗叶霉病基因**Cf–10**的
精细定位及抗病应答机制分析

刘　冠◆著

黑龙江大学出版社
HEILONGJIANG UNIVERSITY PRESS
哈尔滨

图书在版编目（CIP）数据

番茄抗叶霉病基因 Cf-10 的精细定位及抗病应答机制
分析 / 刘冠著 . -- 哈尔滨：黑龙江大学出版社，
2021.12
ISBN 978-7-5686-0677-6

Ⅰ．①番… Ⅱ．①刘… Ⅲ．①番茄－抗病性－基因－
研究 Ⅳ．① S436.412.1

中国版本图书馆 CIP 数据核字（2021）第 152808 号

番茄抗叶霉病基因 *Cf*-10 的精细定位及抗病应答机制分析
FANQIE KANGYEMEIBING JIYIN *Cf*-10 DE JINGXI DINGWEI JI KANGBING YINGDA JIZHI FENXI
刘　冠　著

责任编辑　于　丹
出版发行　黑龙江大学出版社
地　　址　哈尔滨市南岗区学府三道街 36 号
印　　刷　哈尔滨市石桥印务有限公司
开　　本　720 毫米 ×1000 毫米　1/16
印　　张　13.5
字　　数　214 千
版　　次　2021 年 12 月第 1 版
印　　次　2021 年 12 月第 1 次印刷
书　　号　ISBN 978-7-5686-0677-6
定　　价　48.00 元

前　言

番茄是世界范围内种植的蔬菜作物,在人们日常生活中扮演了重要的角色。而番茄叶霉病是由番茄叶霉菌(*Cladosporium fulvum*)引起的番茄重要病害之一,该病害通常可使番茄产量减少20%～30%,严重时可达到50%。因此,找到番茄叶霉病的抗病基因,进行分子改良育种,显得尤为重要。目前已克隆的番茄抗叶霉病基因有 *Cf* - 2、*Cf* - 4、*Cf* - 5、*Cf* - 9、*Cf* - 9*DC* 等,其中 *Cf* - 4、*Cf* - 9 等抗病基因已经应用到实际的育种生产中。但是番茄叶霉菌具有生理小种多、分化速度快等特点,田间一些含有抗病基因的品种被新产生的生理小种克服,因此我们现在急需挖掘新的抗病基因来对抗新的生理小种,提高番茄产量,减少经济损失。

番茄与番茄叶霉菌的互作是研究植物与病原菌互作的模式,同时符合基因对基因假说。抗病品种中的抗病基因与病原菌中的生理小种互作的关键是,*Cf* 基因编码的类受体蛋白能够特异性识别病原菌中无毒基因编码的效应因子,从而发生过敏性反应(hypersensitive response)。随着过敏性反应的发生,植物体内的保护酶系和活性氧(ROS)含量都发生变化,从而进一步激发抗病机制下游的防御反应。

挖掘新的抗病基因,并通过分子生物学的一些手段,把抗病基因应用于新品种选育,对番茄的抗病育种有着重要的作用。经过长期的田间调查和性状鉴定,含有番茄抗叶霉病基因 Cf-10 的抗病材料 Ontario 792,对多数的生理小种表现出有效抗性。Cf-10 基因最初被定位在 8 号染色体的长臂上,而后的研究较少,影响了 Cf-10 基因在育种中的应用。本书以番茄抗叶霉病基因 Cf-10 的抗生理小种范围、抗性遗传规律、与番茄叶霉菌的非亲和互作过程、定位和介导的抗病应答机制为研究重点,对 Cf-10 基因进行全面分析,为以后 Cf-10 基因的克隆以及抗病机制的全面揭示提供理论基础。

目　　录

1 绪 论

1.1 番茄与番茄叶霉菌互作机制研究进展

1.1.1 番茄叶霉病症状

由番茄叶霉菌引起的番茄叶霉病是一种世界性真菌病害,番茄与番茄叶霉菌互作机制研究成为植物与病原物互作机制研究的模式系统。深入研究番茄叶霉病症状、番茄叶霉菌入侵机制、无毒基因及抗病基因之间的互作等,对利用抗病遗传育种和遗传工程手段控制番茄叶霉病危害、保护番茄生产具有重要意义。

在番茄生长发育各时期,皆有可能发生叶霉病。其危害部位主要包括番茄幼苗、茎、叶片、果实等。

1.1.1.1 叶片

发病由中下部叶片开始。在番茄叶片正面出现一些不规则形状的淡黄色褪绿斑,随着叶霉病逐步发展,在番茄叶片背部出现一些霉层(如图1-1),这些霉层大部分呈现灰褐色绒毛状,直至再严重时,显现黑色的较为厚重的霉层。通常在高温高湿环境下,病情易扩散,病原物也生长迅速。植株整体受到侵染,叶片边缘逐渐卷曲,而后植株死亡。

（a）

（b）

图 1-1　番茄叶霉病的叶片发病症状

1.1.1.2　果实

番茄叶霉菌入侵果实后,通常先在发病部位周围形成各种形状的黑色或者褐色斑块,随水分流失,不规则斑块渐渐硬化。在适宜病原菌生长的条件下,病斑扩大非常快,随之产生针头状黑色萎蔫块,且果实失去食用价值。

1.1.1.3　其他

番茄开花时节,番茄叶霉菌易引起花器官凋亡萎蔫,有时会产生脱落现象,病原菌侵染后,植株光合作用减弱,叶片容易脱落,从而影响营养物质累积,对产量影响较大。染病后茎部与叶片症状相似。

1.1.2 番茄叶霉菌

番茄叶霉病的病原菌为番茄叶霉菌,属于半知菌亚门。随着时间的推移,番茄叶霉菌的分类地位稍有改变。

番茄叶霉菌的生物学特性:分生孢子梗成束从气孔伸出,初无色,后呈褐色,大部分细胞上部偏向一侧膨大。其上产生分生孢子,产孢细胞单芽生或多芽生,合轴式延伸。分生孢子串生,孢子链通常分枝。分生孢子呈椭圆形或圆柱形,初无色,单胞,后变褐色,有的双胞。

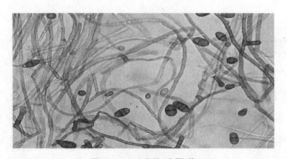

图 1-2　番茄叶霉菌

番茄叶霉菌有很多生理小种,其有一个重要的特征——生理小种分化快,这就使得原来抗病的一些品种,在选择进化中失去抗性。我国对番茄叶霉菌生理小种的研究相对处于初级阶段,可见表 1-1。2010 年,洪瑞等人对我国各地的番茄叶霉菌生理小种分化情况进行了统计。2015 年,研究人员对东北三省的番茄叶霉菌生理小种进行纯化分析,发现了两个新的生理小种:2.5 和 2.4.5。

表 1-1　各省市地区番茄叶霉菌生理小种的分化情况

来源	采样时间	生理小种
北京	1984~1985 年	以 1.2、1.2.3 为主
	1990 年	新增 1.2.4、2.4、1.2.3.4
	1999~2003 年	新增 1.2.3.4.9

续表

来源	采样时间	生理小种
东北三省	1991 ~ 1993 年	1.2.3(优势小种)、1.3、3
	2002 ~ 2003 年	1.2.3、1.2、2.3、1.2.3.4 和 1.2.4
	2006 ~ 2007 年	1.4、1.3.4、1.2.3、1.2、2.3、1.3、1.2.4、1.2.3.4
	2014 ~ 2015 年	新增 2.5 和 2.4.5
山东省	2002 年	2.3
	2005 年	1.2.3(寿光)、1.2.3.4(莱阳)
浙江省	1989 ~ 2004 年	1.2.3、1.2、1.2.3.4、1.2.4、2.3、2.4

1.1.3　番茄叶霉菌侵染机制

番茄叶霉菌能以菌丝体在病残体和病株枝干表皮上越冬,也能以分生孢子和菌丝体附着在种子表面或潜伏在种子内越冬。越冬病原菌在适宜条件下萌发产生分生孢子,借助气流或灌水等途径传播,经气孔侵入,成为初次侵染源。带病种子于幼苗期即可感染番茄叶霉病。发病后病株又会形成大量分生孢子通过气流传播,多次反复侵染。从时间上来看,番茄叶霉菌分生孢子集中在夜间飞散,夜间飞散孢子数目是白天的 6 倍;从空间上来看,分生孢子主要集中在番茄株高 30 ~ 60 cm。

番茄叶霉菌侵染机制主要分为两种:一种为亲和互作(感病),另一种为非亲和互作(抗病)。

1.1.3.1　亲和互作

在亲和互作中,相对湿度大于 85% 条件下,分生孢子易萌发并形成较细的线状菌丝,菌丝在叶表面随机生长。大约 3 天后,主要萌发管或菌丝的一个侧枝通过开放的气孔进入番茄叶片。随后,菌丝直径扩大到至少原来的两倍,菌丝从亚气孔生长到海绵叶肉胞间空间。有时仅在侵染后期,菌丝才会进入栅栏组织。虽然没有观察到明显的供养结构,但病原菌生长应依赖菌丝和寄主细胞之间的密切互作,因为有时可观察到病原菌菌丝与寄主细胞接触的部位有轻微凹陷。这种密切互作表明病原菌主动从寄主吸收营养。上述侵染过程在寄主细胞上并没有肉眼可见反应,只是偶尔在叶肉细胞的细胞壁上有胼胝质沉淀。在损伤的成熟组织中,叶肉细胞出现叶绿体和线粒体等多种降解信号,偶尔也会观察到由于质膜损伤出现的胞质内含物释放。侵染9～10天后,病原菌会在亚气孔中形成菌丝聚合体。然后,分生孢子通过气孔突出到外部,产生大多是两个细胞的孢子组成的孢子链,这样就在空气中形成菌丝体。这些分生孢子的散布可造成病害蔓延。

1.1.3.2 非亲和互作

在非亲和互作中,孢子萌发及菌丝穿过气孔的过程与亲和互作相似,但在非亲和互作中有时病原菌进入气孔后又会长出气孔。这表明通过开放气孔进入共质体的菌丝激发寄主防御反应。但大多数菌丝不会长出气孔,寄主防御反应会造成病原菌穿过气孔1～2天后停止生长。然后病原菌几乎不能从气孔空隙生长至共质体,且菌丝发生肿胀、弯曲,与寄主叶肉细胞密切接触的细胞崩溃。胼胝质沉淀形成并进一步使细胞壁增厚,在真菌菌丝附近的胞外物质聚集。非亲和互作中,寄主防御的一个最大特点是,在高度敏感部位,与胞内菌丝相邻的叶肉细胞崩溃。这种防御反应使病原菌只存在于侵染部位周围一个有限区域内,且其周围均为寄主细胞释放的化合物,这样病原菌就无法顺利完成侵染。

1.1.3.3 番茄植株对番茄叶霉病的抗感表现

就亲和互作而言,番茄叶霉菌侵染番茄植株后,病原菌与寄主细胞发生亲和互作,起初,寄主细胞壁并未破坏,也没有产生降解酶类。番茄叶霉菌以番茄叶片的海绵组织为营养来源。另外,在亲和互作中,番茄细胞间隙的甘露醇含量会显著升高,可能为病原物提供碳源。而在非亲和互作体系中,并未观察到此种情况产生。感病植株在被侵染之初,叶面产生轮廓不明显的淡黄色小斑点,病斑背面灰白色,潮湿时,上面产生褐黄色霉层。病斑逐渐扩大后,常以叶脉为界形成不规则大块斑,霉状物逐渐变成灰褐色。抗病的寄主与病原菌之间发生非亲和互作,典型的表现是过敏性反应,叶片上可观察到细胞壁加厚和坏死斑;与番茄叶霉菌接触的寄主细胞叶片电解质外渗,在侵染早期,叶片会产生活性氧,并积累植保素等毒性物质,同时产生病程相关蛋白,乙烯、水杨酸(SA)含量升高,脂肪氧化作用增强。

1.1.4 番茄叶霉菌抗病基因 *Cf* 和无毒基因 *Avr* 研究进展

番茄与番茄叶霉菌非亲和互作遵循 Flor 的基因对基因假说。番茄对番茄叶霉菌的抗性是番茄抗病基因 *Cf* 和其相对应的无毒基因 *Avr* 的互作,且激活抗病信号传导,促使各类反应共同形成抗病网络。

1.1.4.1 番茄抗叶霉病无毒基因 *Avr*

迄今为止,已有 5 个番茄叶霉病无毒基因被克隆,它们分别是 *Avr2*、*Avr4*、*Avr4E*、*Avr5* 和 *Avr9*,其中 *Avr4* 和 *Avr9* 最早是从真菌中克隆得到的,而 *Avr4E* 相对较晚得到。*Avr4* 和 *Avr9* 编码产物分别为 63 个和 135 个氨基酸,含信号肽,经植物和真菌蛋白酶加工形成 28 个和 86 个氨基酸成熟肽。除 *Avr4* 和 *Avr9* 外,从番茄叶霉菌侵染后的番茄叶片中分离出的胞间液还含有许多其他胞外蛋白(extracellular protein, ECP),其中被纯化的包括 ECP1、ECP2、ECP3、ECP4、ECP5 和 ECP6 等。ECP 均为小于 20 kDa 蛋白。*ECP1* 和 *ECP2* 基因已通过反向遗传方法被克隆,研究表明,*ECP2* 对于某些番茄品系具有无毒基因功能。其他几种 ECP 充当植物抗病激发子的可能性也在研究中。

反向遗传方法对番茄叶霉病抗病基因和无毒基因克隆均有重要意义,但也存在局限性,即此方法需在分离得到足量激发子基础上应用。因此,该方法对蛋白质含量低、体外稳定性差或难以提纯的无毒基因产物均不可行。Takken 等人已采用一种称为功能性克隆的新方法来克隆番茄叶霉菌无毒基因。该方法基于无数无毒基因产物在含相应抗病基因的寄主中产生过敏性反应的思路,利用 PVX 双元表达载体将病原菌 mRNA 制成 cDNA 文库。将重组 PVX 接种植物,已含有与植物抗病基因互补的无毒基因 PVX 的接种部位将产生过敏性反应,从而获得无毒基因 *Avr2* 的克隆。

已克隆得到的无毒基因编码产物间及其与已知蛋白质间无明显同源相关性,但共性是含有偶数个半胱氨酸。这些半胱氨酸可能形成二硫键,在过敏性反应中起诱导作用。这些无毒基因的编码产物含信号肽,绝大多数为小分子质量蛋白。但是,这些无毒基因在毒性菌株中存在方式不同,*Avr9* 完全缺失,*Avr2* 以截短形式存在,而 *Avr4E* 则已缺失或以突变形式存在,说明不同番茄叶霉菌采用不同策略克服抗病基因抗性。

无毒基因诱发过敏性反应,*Cf* – 4 和 *Cf* – 9 分别介导产生对含 *Avr4* 和 *Avr9* 的番茄叶霉菌的抗性。两个抗病基因编码的氨基酸序列相似度高,但无毒基因编码的氨基酸并无明显相似。研究发现,*Avr4*、*Cf* – 4 和 *Avr9*、*Cf* – 9 介导番茄产生的过敏性反应在产生强度、速度及侵染组织等均有差异。*Avr4*、*Cf* – 4介导产生的过敏性反应更迅速、强烈,且多数产生于维管束。

1.1.4.2　番茄抗叶霉病基因 *Cf*

（1）抗病基因的命名及定位

目前,至少有 24 个番茄抗叶霉病基因被发现（见表 1 – 2）,依次被命名为 *Cf* – 1 ~ *Cf* – 24,而感病品种 Monkey Maker 中的相应基因被称为 *Cf* – 0,这些抗病基因来源于番茄及其近缘野生种,在此基础上 Kanwar 等人又进行了完善。*Cf* – 1 基因来自番茄品种 Stirling Castle;*Cf* – 2 和 *Cf* – 9 基因来自醋栗番茄;关于 *Cf* – 4 基因,一般认为来自多毛番茄,但在秘鲁番茄和醋栗番茄中也有发现,通过 Southern 分析最终证明 *Cf* – 4 基因来源于多毛番茄;*Cf* – 5 基因来自樱桃番茄。目前已发现番茄抗叶霉病基因均表现为生理小种特异抗性,Lindhout 等人研究表明没有生理小种能鉴别 *Cf* – 4 和 *Cf* – 8 基因,Gerlagh 等人认为 *Cf* – 4 和 *Cf* – 8 基因是等位基因;Haanstra 通过接种 PVX∷*Avr4* 及 Southern 分析等证明 *Cf* – 4 和*Cf* – 8是同一基因,因而 *Cf* – 8 基因未能成为新抗源。含有 *Cf* – 11 基因的抗源能抗生理小种 4,而被生理小种 2.3.4.11 克服,分子生物学分析表明含有 *Cf* – 11 的抗源包括 *Cf* – 4 基因及其他 *Cf* 基因,含有 *Cf* – 13 基因的抗源同样包括 *Cf* – 4 基因。Haanstra 接种 PVX∷*Avr9* 测试含有不同番茄抗叶霉病基因的番茄品种,结果表明含有 *Cf* – 18、*Cf* – 20、*Cf* – 23和 *Cf* – 24 基因的抗源均包括番茄抗叶霉病基因*Cf* – *ECP2*。

表 1－2　番茄抗叶霉病基因在染色体上的定位

基因	品种	名称	定位	
			染色体	位点
Cf－1	Stirling Castle	*Cladosporium fulvum*－1	1	—
Cf－2	Vetomold	*Cladosporium fulvum*－2	6S	—
Cf－3	V－121	*Cladosporium fulvum*－3	11S	11
Cf－4	P＝135	*Cladosporium fulvum*－4	1S	—
Cf－5	Ontario 7717	*Cladosporium fulvum*－5	6S	—
Cf－6	Ontario 7818	*Cladosporium fulvum*－6	6S	—
Cf－6	Ontario 7818	*Cladosporium fulvum*－6	11	—
Cf－7	Ontario 7517	*Cladosporium fulvum*－7	9L	49
Cf－8	Ontario 7522	*Cladosporium fulvum*－8	9L	42
Cf－9	Ontario 7719	*Cladosporium fulvum*－9	1S	—
Cf－10	Ontario 7920	*Cladosporium fulvum*－10	8L	34
Cf－11	Ontario 7916	*Cladosporium fulvum*－11	11	—
Cf－12	Ontario 7980	*Cladosporium fulvum*－12	8L	31
Cf－13	Ontario 7813	*Cladosporium fulvum*－13	11S	27
Cf－14	Ontario 7914	*Cladosporium fulvum*－14	3	67
Cf－15	Ontario 7910	*Cladosporium fulvum*－15	3S	0
Cf－16	Ontario 7816	*Cladosporium fulvum*－16	11S	22
Cf－17	Ontario 7960	*Cladosporium fulvum*－17	11S	20
Cf－18	Ontario 7518	*Cladosporium fulvum*－18	2L	105
Cf－19	Ontario 7519	*Cladosporium fulvum*－19	1S	—
Cf－20	Ontario 7520	*Cladosporium fulvum*－20	2L	50
Cf－21	Ontario 7811	*Cladosporium fulvum*－21	4L	45
Cf－22	Ontario 7812	*Cladosporium fulvum*－22	1S	15
Cf－23	Ontario 7523	*Cladosporium fulvum*－23	7	—
Cf－24	Ontario 7819	*Cladosporium fulvum*－24	5S	36

（2）抗病基因遗传规律及分子标记研究进展

迄今已发现番茄抗叶霉病基因大多表现为质量性状,受显性单基因控制,属于垂直抗性。Langford 首先把 *Cf* – 1、*Cf* – 2 和 *Cf* – 3 基因定位于染色体上,Kanwar 等人进一步将全部 24 个抗病基因定位于番茄 12 条染色体上。随着染色体技术、分子标记技术等应用于番茄抗病基因定位,Jones 等人研究发现 *Cf* – 4 和 *Cf* – 9 基因紧密连锁位于 1 号染色体短臂上,相距 5 cM;*Cf* – 1 基因位于 *Cf* – 4、*Cf* – 9 基因簇上的相同位点。进一步以 *Cf* – 9 基因的 5′末端为探针对几个近等基因系进行 Gel – blot 分析表明,*Cf* – 9 是多基因家族,包括 *Hcr9* – 4*A* 到 *Hcr9* – 4*E* 共 5 个同源序列;*Cf* – 4、*Cf* – 4*A*、*Cf* – 9、*Hcr* – 9*s* 和 *Cf* – 1 属于一个基因簇,位于 1 号染色体的 Milky Way 位点。*Cf* – 2 和 *Cf* – 5 基因紧密连锁,位于 6 号染色体短臂上,相距 4 ~ 5 cM。Grushetskayaa 等人将 *Cf* – 6 定位于第 6 号染色体短臂上的两个标记 SSR128 和 SSR48 之间,距离分别为 2.2 cM 和 3.4 cM;Wang 等人应用 SSR 和 RAPD 方法同样对 *Cf* – 6 进行分子标记研究,获得 T10 和 T12 两个与 *Cf* – 6 连锁的 SSR 标记,将 *Cf* – 6 定位于第 11 号染色体。东北农业大学园艺园林学院番茄课题组近年分别对 *Cf* – 11、*Cf* – 12 和 *Cf* – 19 基因进行分子标记研究,获得 4 个与 *Cf* – 11 连锁的 AFLP 标记及 1 个 SSR 标记,初步定位 *Cf* – 11 于 11 号染色体,获得 6 个与 *Cf* – 12 连锁的 AFLP 标记。Zhao 等人将 *Cf* – 19 定位于 1 号染色体短臂上。李宁等人从 341 对 SSR 引物中筛选出 2 个与 *Cf* – 10 基因连锁的标记 LEtaa001 和 LEtaa003,遗传距离分别为 9.7 cM 和 22.9 cM,并确定其为单基因显性遗传。

　　Cf – 4 和 *Cf* – 9 是最先被分离得到的番茄抗叶霉病基因,通过转座子插入方法获得;随后 *Cf* – 2 和 *Cf* – 5 也通过图位克隆方法被分离。目前已克隆的番茄抗叶霉病基因有 *Cf* – 2、*Cf* – 4、*Cf* – 4*A*、*Cf* – 5、*Cf* – 9、*Cf* – ECP1、*Cf* – ECP2、*Cf* – ECP4、*Cf* – ECP5、*Hcr9* – 4*E* 等。对 *Cf* 基因结构和功能的分析表明,*Cf* 基因编码一个胞外亮氨酸区(leucine – rich repeat,LRR)、一个跨膜区(transmembrane domain,TM)和一个细胞质区,其蛋白产物具有相似结构域,含有不同数目亮氨酸重复,这类重复决定不同抗性基因对不同生理小种的识别。Parniske 等人进一步研究发现 *Cf* – 4、*Cf* – 4*A* 和 *Cf* – 9 属于一个多基因家族 *Hcr9s*,Haanstra 等人研究认为 *Cf* – 2 和 *Cf* – 5 属于另外一个多基因家族 *Hcr2s*,但以上几个番茄抗叶霉病基因均属于 LRR – TM 抗病基因,其产物均锚定于细胞膜上的糖蛋白受体,N 端存在一个胞外富含亮氨酸重复序列,而在 C 端具有较强保守性,揭示 N 端与识别反应的特异性有关,而 C 端与共同信号

传递途径有关。据此推测番茄 Cf 类蛋白可能的功能为 TM 将受体蛋白锚定在膜上,由 LRR 激发后将信号传导到细胞内其他信号传导蛋白上,从而决定寄主与病原菌的特异性识别。

具有 *Avr* 识别功能的 *Cf* 基因和许多非功能基因串联在一起,形成复合基因座 *Cf-4/9* 和 *Cf-2/5*,这些基因座中的成员被称为 *Hcr9* 和 *Hcr2* 基因簇,分别位于番茄 1 号染色体短臂(如图 1-3)和 6 号染色体。1 号染色体短臂主要包括 *northern lights*、*milky way*、*southern cross* 等,分布在这些位点中的序列和番茄抗叶霉病基因 *Cf* 在结构组成上较为相似,因此统称为 *Hcr9*。功能基因和非功能基因甚至假基因串联排列在一起,可能是序列重复、易位、基因间或者基因内重组、转化所导致的。

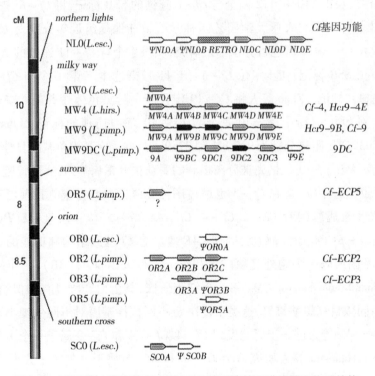

图 1-3　番茄第 1 染色体短臂的 *Hcr9* 基因簇的图谱位置和物理结构

（3）抗病基因编码蛋白结构

番茄抗叶霉菌基因编码的成熟产物由 7 个结构域组成,从 N 端到 C 端分为以下几部分:A. 一个假设的使成熟产物分泌到胞外的信号肽;B. 富含半胱氨酸的功能不明的结构域;C. 胞外 LRR;D. 没有明显特征的结构域;E. 富含酸性氨基酸的结构域;F. 假设的 TM;G. 富含碱性氨基酸的结构域。产物中有多个 LRR 是最大的结构域,它占据整个 Cf 蛋白大部分。多数 Hcr9 蛋白含有 27 个 LRR,而 Hcr2 中 LRR 数目变动较大。分析表明,LRR 数目决定抗病基因和无毒基因相互识别的特异性。

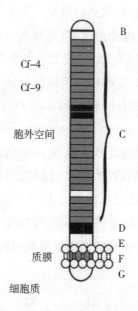

图 1-4　*Cf* 基因编码蛋白结构示意图

1.1.5　番茄抗叶霉病免疫系统

1.1.5.1　植物与病原菌互作模式研究

植物在长期进化过程中,受周围环境以及各种病原菌影响,逐渐形成一套完整的自身免疫系统。目前,植物免疫系统机制主要划分为两个层次:第一层次是通过植物细胞表面的模式识别受体(pattern recognition receptor, PRR)识别病原菌保守成分病原体相关分子模式(pathogen associated molecular pattern,PAMP)而激活的免疫反应,来引发 PAMP 触发的免疫(PAMP - triggered - immunity,PTI);第二层次是利用细胞内抗病基因产物蛋白来识别病原菌分泌的各种效应因子(effector),从而激活下游防御反应相关基因表达,产生效应因子触发的植物免疫(effector - triggered - immunity,ETI)。虽然植物 PTI 和 ETI 激发的下游防御反应类似,但 ETI 更加剧烈,诱导迅速,且通常引起局部侵染部位的过敏性反应。通常来说,PTI 主要产生于植物和非致病菌之间互作,而 ETI 主要产生于植物对致病菌的应答。但是二者划分没有明显界限,主要取决于参与互作识别的激发子类型。

从植物与病原菌共生进化角度看,植物免疫系统对病原物识别及应答可用"Z"形模型来阐述(见图 1 - 5)。在植物与病原菌互作第一阶段,植物 PRR 识别病原菌的 PAMP,从而诱发 PTI,组织病原菌定植;第二阶段,病原菌成功避开 PTI,将自身效应因子分泌到植物细胞中,而植物细胞无法识别效应因子,引起效应因子触发感病反应(effector triggered susceptibility,ETS);第三阶段,植物逐渐进化产生能直接或者间接识别病原菌特定效应因子的 NB - LRR,诱发 ETI;最后一个阶段,病原菌通过抑制或者改变能被植物识别的效应因子,以及产生新的不能被植物NB - LRR 识别的效应因子,来避免植物免疫反应,成功侵染植物,导致 EST。同时,植物免疫系统也随微生物改变而不断进化。新的抗病基因又能重新识别病原菌中新的效应因子,再次诱发 ETI。

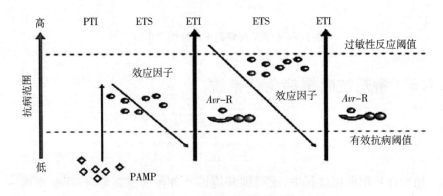

图 1 - 5　植物与病原菌的互作模式

1.1.5.2　番茄与番茄叶霉菌互作模式研究

在与番茄叶霉菌长期协同进化过程中,番茄形成了一套完整的防御体系来抵御病原菌侵染。之前大部分研究认为番茄叶霉病不存在 PTI,但随研究深入,Avr4 最近已被证明具有几丁质结合活性,它与番茄叶霉菌细胞壁的几丁质相结合,避免被植物几丁质酶降解。番茄叶霉菌中自然存在点突变形式 Avr4,一方面可避免被 *Cf*-4 识别,另一方面仍然具有几丁质结合活性,因此说明 *Avr4* 的几丁质活性参与 PTI。Thomma 等人明确提出了 PTI 和 ETI 的界限逐渐模糊。

番茄与番茄叶霉菌互作符合典型的基因对基因假说,能诱发典型 ETI。当番茄 *Cf* 基因和对应的番茄叶霉菌 *Avr* 基因产物识别后,通过各种植物信号传导途径,活化下游抗病相关基因表达,番茄表现为抗病。相反番茄 *Cf* 基因没有和对应的番茄叶霉菌 *Avr* 基因产物识别,则番茄表现为感病。

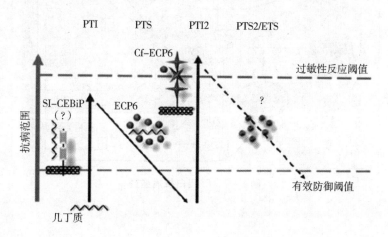

图 1-6　变化的"Z"形模型描述番茄和番茄叶霉菌之间几丁质信号的进化过程

1.1.6　番茄抗病信号传导途径及下游响应反应

番茄与番茄叶霉菌互作是一个连续过程(如图 1-7),从番茄叶霉菌接触番茄开始,到番茄产生明显抗病或感病反应结束。这个过程包含番茄和番茄叶霉菌相互识别信号的传导,而每次传导均可产生相应生理生化反应。

番茄和番茄叶霉菌互作可分为三个阶段:早期蛋白激酶激活、活性氧大量积累、一系列 MAP 激酶的激活、K^+ 离子通道和钙调依赖蛋白激酶激活等;中期保护酶活性改变和谷胱甘肽积累;后期水杨酸累积,细胞出现程序性死亡,病症随之显现。

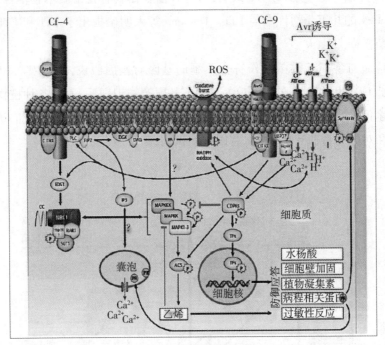

图 1 - 7　Cf 蛋白抗病途径

1.2　高通量测序技术在番茄中的应用

随着科学技术的高速发展,高通量测序技术越来越多地被应用到科学研究中,最常用的有转录组测序、基因组测序等。

1.2.1 转录组测序

转录组测序即 RNA 测序技术(RNA – Sequencing, RNA – Seq)是近些年来发展最迅速的测序技术,其被广泛用于分析表达谱、鉴定差异表达基因和分析剪切变异体等。该技术主要采用高通量测序技术对细胞或者组织中的 cDNA 文库进行测序,通过统计相关的 read(读段)数值来算出不同的 RNA 表达量之间的差异,从而发现新的转录本。该技术具有灵敏度好、分辨率较高且不受物种基因组是否已知的限制等诸多优点,因此其应用领域也非常广泛。原则上来说,大部分的高通量测序平台都能够进行 RNA – Seq,随着 RNA – Seq 的兴起,很多测序公司也推出了不同的平台进行测序和数据分析。祁云霞等人综述了 RNA – Seq 的多种平台,并分析了其优势和弊端。

对于有参考基因的物种,通过与参考基因组进行序列比对,RNA – Seq 可以进行序列在基因组上的分布位置分析、差异表达基因的表达分析、测序深度的分析,同时还能够进行新基因的预测及可变剪切的鉴定等等;对于无参考基因的物种,RNA – Seq 可以充实该物种的遗传数据库。

RNA – Seq 在番茄中的应用较玉米、大豆、水稻等大田作物较少,不过其在番茄的抗病、抗逆、遗传育种和进化分析等研究中得到了普遍应用,同时通过基因工程方法导入目的基因,也逐渐成为番茄研究的热点。

1.2.1.1 RNA – Seq 在番茄抗病中的应用

王艳等人通过对喷施低浓度 ABA(脱落酸)的番茄进行 RNA – Seq,其结果显示,苯丙氨酸解氨酶(PAL)、过氧化物酶(POD)、多酚氧化酶(PPO)、甲壳质酶等相关的基因表达都显著上调,同时和番茄抗病相关的水杨酸、茉莉酸(JA)、乙烯(ETH)等信号通路内的相关基因的表达也上调。莫云容等人以高抗番茄晚疫病自交系 CLN2037E 为材料接种晚疫病生理小种 T1,随后在两个时间点(3 天和 5 天)采样进行 RNA – Seq,其获得的 3 天后差异表达基因共有 3 908 个,5 天后差异表达基因有 2 543 个,将这些差异表达基因划分为上调和下调,同时进行 GO 功能富集和 KEGG 通路富集的分析,发现一些基因在生物过程、分子功能中均有重要作用。Wei 等人通过隐马尔科夫模型(hideen markov model，HMM）和 Blast 的方法从栽培番茄、野生番茄、栽培辣椒、野生辣椒中鉴定出多个 NBS－LRR 类型的抗病基因，为番茄抗病基因亚家族的划分、抗病基因的进化奠定了良好基础。

1.2.1.2　RNA－Seq 在番茄抗逆中的应用

Hui 等人以多毛番茄 LA1777、栽培番茄 LA4024 和两者的渐渗系群体为研究材料，通过 TOM2 芯片技术对番茄苗期的抗寒性进行差异表达分析。根据芯片分析结果，多毛番茄中克隆出了 3 个抗寒的相关基因，对其进行了克隆和功能验证，同时揭示了番茄抗寒的分子机制。Chen 等人采用 RNA－Seq 方法，以栽培番茄、多毛番茄、类番茄为研究材料，对耐低温分子机制进行差异表达分析，结果表明，在低温胁迫下，1 h 和 12 h 后，这 3 种材料的基因表达模式都发生了改变，同时利用了 DAVID 平台对多毛番茄和栽培番茄低温调控基因进行了功能聚类分析，发现冷耐受型番茄和冷敏感型番茄在低温应答分子机制上存在较大差别。

1.2.1.3　RNA－Seq 在番茄遗传育种和进化分析中的应用

基于 RNA－Seq 的遗传进化分析是对进化趋势的一个解析，这个解析不仅从转录组序列的水平上展开，还从转录组的表达量上展开。和 DNA 水平的遗传进化分析相比较而言，其只针对基因组上的编码序列进行测序，过滤了一些不具有编码功能的区域，对了解基因间的互作从而产生更复杂的表现型，提出了有力的证据。

Koenig 等人通过对栽培番茄品种 *S. lycopersicum* 和野生番茄品种潘那利番茄、多毛番茄、细叶番茄进行了 RNA－Seq，测序结果揭示了栽培番茄和野生番茄在基因组水平上和表达水平上的遗传和变异。对野生番茄品种和栽培品种番茄的比较与 RNA－Seq 的研究表明番茄遗传进化的瓶颈。同时还发现与果肉相关的基因在红色果肉的栽培番茄品种中和绿色果肉的野生番茄品种中表现出了快速的进化。而野生番茄品种潘那利番茄的结构和耐旱性、耐热性、耐盐性都显示出了快速进化，进而阐明了栽培番茄品种和野生番茄品种在转录水平和转录组水平受到了人工选择和自然选择的双重影响。

1.2.2 基因组测序

基因组测序的原理是将所测物种的基因组用各种方法打断后拼接,进行高通量测序,根据所测序的物种是否有已知的参考基因组数据分为从头测序和重测序。从头测序主要是针对没有参考基因组的物种进行基因组的重新测序,主要根据和利用生物信息学的分析手段和方法对测序所得的短片段进行拼接和组装,进一步得到目标物种的基因组图谱,进而为后来的研究提供了基础。重测序是对已有参考基因组的物种的个体进行基因组测序,在参考基因组的基础上对个体或者是群体进行差异性的分析,从而希望找到个体或者群体进化的规律等。2012 年,番茄全基因组重测序完成,组装出番茄基因组大小约为 900 M。2017 年,中国、美国、西班牙、以色列合作对 231 份番茄自然群体材料采用重测序,对 235 份 F_2 代遗传群体材料进行 RNA - Seq,同时在重测序数据库中筛选 245 份番茄自然群体材料进行联合分析,发现了番茄果实风味改良的重要路线。

1.3 分子标记技术辅助选择育种在番茄中的应用

我们在传统育种的过程中,主要通过植株的表型进行筛选,其中环境条件、基因之间的相互作用以及基因和环境之间的相互作用都会对植株的表型有一定的影响,而且传统育种效率相对较低且周期相对较长。尽管现在育种学有完整的育种程序,同时培养了很多抗病、抗逆的优质品种,但是周期长、工作量大仍是困扰科研工作者的主要问题。生物技术的快速发展使得我们对基因型的选择变得可能,因此分子标记技术辅助选择育种使作物育种进入了一个新的阶段。

1.3.1 主要的分子标记技术

分子标记的种类很多,并且普遍应用在遗传育种、基因定位、基因克隆等方面。分子标记技术主要分为四类:第一类以传统的 Southern 杂交为基础,第二类以 PCR 为基础,第三类以限制性酶切和 PCR 为基础,第四类以单核苷酸多态性为基础。

1.3.1.1 限制性片段长度多态性(RFLP)

RFLP 是发展最早的分子标记技术,其基本原理是利用特定的限制性内切酶(restriction enzyme)识别并切割不同生物个体的基因组 DNA,得到数量、长度不等的 DNA 片段,从而反映出 DNA 分子上不同酶切位点的分布情况。通过电泳分析这些 DNA 片段,把 DNA 片段转移到滤膜上,再与克隆 DNA 探针进行 Southern 杂交和放射显影,即可获得反映特异性的 RFLP 图谱。

1.3.1.2 简单序列重复(SSR)

真核生物基因组中存在着短串联重复序列,这些串联重复序列由于重复次数的不同而具有复等位性,而且重复序列两端的序列在同一物种内是高度保守的,因此可以据此设计引物,用以扩增同一物种的重复序列。由于重复序列的长度变化极大,所以这是检测多态性的一种有效技术。

1.3.1.3 扩增片段长度多态性(AFLP)

AFLP 是 PCR 与 RFLP 相结合的一种技术,其基本原理是:首先用限制性内切酶对 DNA 进行处理,形成大小不等的限制性片段,限制性片段两端在 T4 DNA 连接酶作用下与特定的已知序列连接并作为扩增反应的模板,专用引物由与人工接头互补的核心碱基序列、限制性内切酶识别序列和引物 3′ 端的选择碱基组成,只有那些在两个酶切末端内侧具有与选择性核苷酸互补的限制性片段才能被引物识别与扩增。扩增产物通过 SDS - PAGE 分离,经荧光、硝酸银染色或放射性自显影分析,揭示出被扩增基因组相应区域的 DNA 多态性。

1.3.1.4 单核苷酸多态性(SNP)

SNP 是指在基因组的核苷酸序列中由个别核苷酸的差异引起的基因序列多态性。SNP 因为数量多、位点丰富、覆盖密度大、遗传稳定性强、多态性丰富而且可以实行批量化得到广泛应用,也是第三代针对 DNA 的分子标记技术。

1.3.1.5　竞争性等位基因特异性PCR(KASP)

KASP是基于引物末端碱基的特异匹配来对SNP分型以及检测Indel（insertions and deletions，插入和缺失）。

KASP反应体系（如图1-8）：①样品DNA：包含关注的SNP位点。②KASP Assay mix：包含2条特异的上游引物和1条公共的下游引物。③KASP Master mix：包含通用的荧光基团和Taq DNA聚合酶。

KASP反应过程：第一步：PCR反应体系的准备。第二步：SNP特异性引物与模板DNA结合。第三步：SNP特异性引物PCR扩增。第四步：通过检测荧光进行SNP分型。

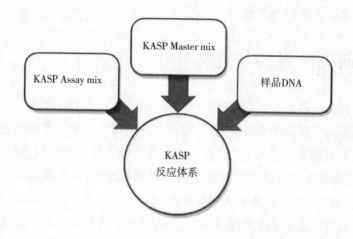

图1-8　KASP反应体系

1.3.2　分子标记技术在番茄上的应用

番茄晚疫病是番茄重要的病害之一，目前有很多分子标记应用于番茄晚疫病，从很多野生番茄中鉴定出抗晚疫病基因（*Ph-1*、*Ph-2*、*Ph-3*、*Ph-4*和*Ph-5*）和一些数量性状抗病位点。2016年Hanson等人通过分子标记技术并且结合表型鉴定筛选到包括番茄抗晚疫病基因*Ph-2*和*Ph-3*、抗黄化曲叶病基因、抗青枯病的多抗基因聚合材料。2013 年 Truong 等人利用 RAPD 从 800 多个随机引物中筛选到 1 个和 *Ph* - 3 基因紧密连锁的标记,并且将其成功转化为 SCAR 标记。

目前 *Tm* - 1、*Tm* - 2、*Tm* - 2a 是筛选鉴定出的 3 个显性的番茄抗病基因,找到与这些显性基因连锁的标记对抗感植株的筛选鉴定和抗病基因的克隆尤为重要。在 1995 年和 1996 年 Ohmori 等人找到了和 *Tm* - 1、*Tm* - 2 基因连锁的 RAPD 标记,且成功将其转化为 SCAR 标记。

根据番茄白粉病病原物的不同,标记番茄白粉病的基因主要有 3 个 (*Lv*、*Ol* - 1、*Ol* - 2)。通过 BSA (集团分离分析法,bulked segregant analysis),Ricciardi 等人采用 AFLP 对 F_2 材料进行分析,找到了和 *Ol* - 2 基因紧密连锁的 8 个标记。He 等人针对番茄杂交材料在 158 个 SSR 位点中筛选出 1 个与抗白粉病基因关联的 SSR 标记。

1.4　研究的目的与意义

番茄作为一种世界范围内种植的蔬菜作物,无论作为加工番茄还是作为栽培番茄都具有极高的经济价值,同时番茄在我国的农业生产中也占有重要的地位。但番茄栽培过程中的各种病害严重影响着番茄的产量,制约着其经济价值,番茄叶霉病是番茄经常发生的一种真菌病害,其发病特点为一旦发病即迅速蔓延,最终导致番茄大规模减产。

番茄叶霉病给番茄生产带来了巨大的损失。药剂防治可一定程度控制番茄叶霉病,选育抗病品种是环保且行之有效的方法。近年来人们应用遗传图谱和分子标记技术,对番茄叶霉病基因进行定位和遗传学研究,已有多个抗病基因被克隆,部分基因的结构、功能和抗病机制已明确,有的已经被利用在分子育种上,这为生产上有效控制番茄叶霉病提供了一条新途径。但番茄叶霉菌生理小种分化速度快,因此不断克隆新的抗病基因,是控制该病害的有效手段。

Cf - 10 是具有较强抗性的番茄叶霉病基因,而且该基因尚未被克隆。本书拟通过对含有 *Cf* - 10 基因的抗性材料构建遗传群体,通过 RNA - Seq 对 *Cf* - 10 基因介导的抗病反应进行分析,比较亲和互作与非亲和互作的异同,同

时挑选抗病反应过程中的差异表达基因进行进一步的研究;通过 BSA 并结合重测序初步定位 Cf-10 基因;运用 KASP 标记将候选区间进一步缩小,精细定位 Cf-10 基因。这将为我们今后的番茄抗叶霉病育种工作提供宝贵的基因资源和理论基础。

1.5　研究的内容

多年的接菌试验及田间鉴定表明,含有番茄抗叶霉病基因 Cf-10 的材料 Ontario 792 对大部分番茄叶霉菌生理小种有良好的抗性。但目前 Cf-10 基因尚未被定位,本试验以番茄叶霉菌新抗性候选基因 Cf-10 的精细定位及其抗病应答机制为研究方向,主要研究内容为:

(1)抗病材料 Ontario 792 和感病材料 Money Maker 接种不同番茄叶霉菌生理小种,明确 Cf-10 基因对生理小种的抗性范围。

(2)抗病材料 Ontario 792、感病材料 Money Maker 同时接种番茄叶霉菌生理小种 1.2.3.4 后,进行染色观察及生理指标的测定。

(3)以抗病材料 Ontario 792 为母本 P_1,以感病材料 Money Maker 为父本 P_2,明确 Cf-10 基因的遗传规律。

(4)对抗感材料构建的 F_2 群体进行抗性等级鉴定,通过 BSA 对父母本及抗感池进行重测序,初步定位抗病基因并筛选候选基因。

(5)根据重测序得到的结果,利用 KASP 标记缩小候选区间,对 Cf-10 基因进行精细定位。

(6)抗病材料 Ontario792、感病材料 Money Maker 接种番茄叶霉菌生理小种 1.2.3.4 后分别进行转录组学分析,筛选抗感材料中的差异表达基因,并结合 qRT-PCR 对筛选基因进行验证。

2 番茄抗叶霉病基因 *Cf* – 10 的抗性范围鉴定与生理指标测定

目前对于番茄叶霉病的研究主要有 4 个方向:对番茄叶霉菌生理小种的鉴定,对抗病材料及感病材料转录组学的分析,对抗病基因的研究,对已经克隆的抗病基因下游信号传导途径的研究。番茄抗叶霉病基因 *Cf* – 10 的相关研究很少,本章主要结合李宁对番茄抗叶霉病基因 *Cf* – 10 的抗性范围研究进行拓展。另外对番茄与番茄叶霉菌的亲和互作与非亲和互作进行染色和电镜观察,以及测定接种后不同时间点的抗感亲本的生理指标。

2.1 材料与方法

2.1.1 试验材料

试验材料种植于东北农业大学园艺站内,材料及来源见表 2 – 1。试验所接种的番茄叶霉菌生理小种均由东北农业大学园艺园林学院番茄课题组提供。

表 2-1 供试番茄材料

材料来源	材料	基因
美国番茄遗传种质资源研究中心	Money Maker(LA 2706)	*Cf*-0
北京市农林科学院蔬菜研究中心	Ontario 792	*Cf*-10

2.1.2 试验方法

2.1.2.1 人工接种方法

取相同条件下生长的 Ontario 792 和 Money Maker 番茄苗,两个亲本各 10 棵作为一组(Money Maker 用于对照检测病原菌活性),分为若干组,每组接种一个生理小种,另外按相同的方法取番茄苗,接种清水作为对照(NTC),整个试验重复 3 次。接种在 5~6 片真叶期进行。取实验室保存的纯化番茄叶霉菌生理小种,进行活化,7~8 天后进行接种。打开培养皿,将菌丝体轻轻刮下,浸泡于无菌水中,待孢子悬浮于菌液中,取少量菌液检测孢子浓度,根据此浓度对菌液进行稀释,最终得到浓度为每毫升 1×10^7 个孢子的孢子悬浮液。

接种前 24 h 对待接种材料进行保湿,采用喷雾接种法将配好的孢子悬浮液均匀喷洒于植株上,接种后继续保湿 24 h,将条件维持在温度 22~25 ℃、湿度 90% 以上。

2.1.2.2 番茄叶霉病抗性鉴定分级标准

(1)番茄叶霉病单株分级标准

0 级:无症状。

1 级:接种叶有直径 1 mm 的白斑或坏死斑。

3 级:接种叶有直径 2~3 mm 的黄化斑,叶背面有少量白色霉状物,无孢子形成。

5 级:接种叶有直径 5~8 mm 的黄化斑,叶背面有许多白色霉状物,有孢子形成。

7级:接种叶有直径5~8 mm 的黄化斑,叶背面有黑色霉状物,产生大量孢子,上部叶片也有黑色霉状物,但无孢子。

9级:接种叶病斑上有大量孢子,上部叶片也有孢子形成。

(2)番茄叶霉病群体分级标准

免疫(I):不表现症状,病情指数为0。

高抗(HR):0 < 病情指数 ≤ 11。

抗病(R):11 < 病情指数 ≤ 22。

中抗(MR):22 < 病情指数 ≤ 33。

中感(MS):33 < 病情指数 ≤ 55。

高感(HS):病情指数 > 55。

$$病情指数 = \frac{\sum(发病指数 \times 各级发病株数)}{最高发病级数 \times 接种总株数} \times 100$$

2.1.2.3 锥虫蓝染色观察

抗感亲本接种生理小种1.2.3.4后,于第0天、第9天、第12天、第16天进行染色。将样品的叶片浸泡在 Farmer 溶液中8~10 h,取出后用0.1% 锥虫蓝溶液浸泡,置于65 ℃水浴锅中5 h。水浴后取出浸入饱和水合氯醛溶液中12 h。将叶片置于载玻片上,滴50%甘油,覆盖盖玻片,用显微镜镜检并拍照。

溶液配制:

(1)Farmer 溶液:乙酸、乙醇、氯仿体积比为1:6:3。

(2)乳酚:苯酚10 mL,乳酸10 mL,甘油10 mL,蒸馏水10 mL 混合均匀。

(3)锥虫蓝溶液:乳酚、乙醇体积比为1:2 混合后,加入0.1% 锥虫蓝染料。

(4)饱和水合氯醛溶液:室温下在蒸馏水中溶解水合氯醛至无晶体析出。

2.1.2.4 扫描电镜观察

(1)取材

取抗感亲本接种番茄叶霉菌生理小种1.2.3.4后的叶片(表面尽量没有霉层),用双面刀片切成2 mm×5 mm 的小条。

（2）固定

加入 2.5% 戊二醛（pH = 6.8）固定液，置于 4 ℃冰箱中固定 1.5 h 以上。

（3）冲洗

用 0.1 mol/L 的磷酸缓冲液（pH = 6.8）冲洗 2~3 次，每次 10 min。

（4）脱水

分别用浓度为 50%、70%、90% 的乙醇脱水各一次，每次 10~15 min；100% 的乙醇脱水 2~3 次，每次 10~15 min。

（5）置换

100% 乙醇:叔丁醇（1:1）、纯叔丁醇各置换一次，每次 15 min。

（6）干燥

将样品放入 -20 ℃、30 min，放入冷冻干燥仪对样品进行干燥，大约需 4 h。

（7）粘样

将样品观察面向上，用导电胶带粘贴在扫描电镜样品台上。

（8）镀膜

采用离子溅射镀膜仪在样品表面镀上一层厚度为 1~1.5 mm 的金属膜。

（9）检测

将处理好的样品用扫描电镜检测。

2.1.2.5　活性氧、CAT、POD、SOD 测定

抗感亲本接种生理小种 1.2.3.4 后第 0 天、第 5 天、第 9 天、第 12 天、第 16 天、第 21 天采叶片作为试验材料，每个时间点采 2~3 片叶，3 次重复，用无菌水清洗干净，测定各生理指标。

2.1.2.6　液相色谱 - 质谱联用仪测定水杨酸和茉莉酸

抗感亲本接种生理小种 1.2.3.4 后第 0 天、第 5 天、第 9 天、第 12 天、第 16 天采叶片作为试验材料，每个时间点采 2~3 片叶，3 次重复，用无菌水清洗干净，用液相色谱 - 质谱联用仪测定水杨酸和茉莉酸。

2.2 结果与分析

2.2.1 *Cf* -10 基因的抗性范围鉴定

含有 *Cf* -10 基因的番茄抗叶霉病材料 Ontario 792 与番茄叶霉菌发生非亲和互作(即抗病反应),感病材料 Money Maker 与番茄叶霉菌发生非亲和互作(即感病反应)。结合 2010 年李宁的调查结果与 2015~2017 年田间调查结果,得出番茄抗叶霉病基因 *Cf* -10 对不同番茄叶霉菌生理小种的抗性鉴定结果(表 2 -2)。表中生理小种 1.2.3.4.5 和 1.2.3.4.9 为 2015~2017 年田间接种鉴定中新增的 *Cf* -10 的抗性范围。

表 2 -2　抗番茄叶霉病基因 *Cf* -10 对不同番茄叶霉菌生理小种的抗性鉴定

生理小种	不同生理小种的病情指数及抗性			
	Money Maker(*Cf* -0)		Ontario 792(*Cf* -10)	
	病情指数	抗性	病情指数	抗性
1.2	65.4	HS	15.7	R
1.2.3	50.1	MS	20.1	R
1.2.3.4	55.5	HS	11.4	R
1.2.4	76.1	HS	0.0	I
1.3.4	58.4	HS	12.5	R
2.3	70.7	HS	22.6	R
1.3	59.9	HS	26.8	R
1.4	55.2	HS	0.0	I
1.2.3.4.5	56.1	HS	20.4	R
1.2.3.4.9	62.3	HS	15.3	R

Money Maker 接种各生理小种后发病的现象十分明显,叶片背面先泛白色霉层,而后逐渐变为褐色,最后发展为叶片正面也有霉层,植株发病严重时

叶片边缘卷曲枯萎,而对照组的 Money Maker 长势良好(如图2-1)。

(a) Money Maker

(b) Money Maker 与对照

图2-1　Money Maker 接种番茄叶霉菌后的表现

2.2.2　番茄与番茄叶霉菌的亲和互作与非亲和互作过程观察

图2-2为含抗番茄叶霉病基因 $Cf-10$ 的番茄材料 Ontario 792 与感病材料 Money Maker 接种生理小种 1.2.3.4 后的锥虫蓝染色观察和电镜观察结果。在接种前,如图2-2(a)与(f),抗感材料没有区别,锥虫蓝染色结果中仅能看见叶脉及部分染料残留。但是在侵染后第9天,抗感材料的锥虫蓝染色结果开始不同。在 Ontario 792 中,发现一些小块的过敏性坏死[如图2-2(b)],在病原菌侵染后第12天可以看见过敏性坏死逐渐扩大[如图2-2(c)],图中能看出过敏性反应限制病原菌侵染,过敏性坏死在第16天扩展至

最大,在叶脉附近逐渐扩散[如图 2 – 2(d)]。而在感病品种 Money Maker 中,侵染第 9 天时没有观察到明显的过敏性反应,能看见番茄叶霉菌菌丝从气孔中逐渐萌发[如图 2 – 2(g)],可见在感病材料中,番茄叶霉菌并没有被限制生长。在侵染后第 12 天,菌丝逐渐增多并伴有坏死的斑点[如图 2 – 2(h)],直至第 16 天菌丝成束出现[如图 2 – 2(i)]。

为了进一步观察亲和互作与非亲和互作之间的差异,试验取侵染番茄叶霉菌的抗感材料叶片进行电镜观察。图 2 – 2(e) 为 Ontario 792 侵染后第 16 天,叶片上并无明显成束菌丝产生,可见含抗病基因 *Cf* – 10 的材料能有效抑制番茄叶霉菌生长;图 2 – 2(j) 为 Money Maker 侵染后第 16 天,菌丝成束从气孔钻出并快速繁殖,遍布叶片表面。

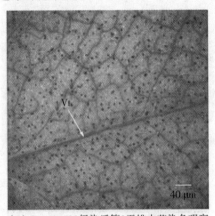

（a）Ontario 792 侵染后第 0 天锥虫蓝染色观察

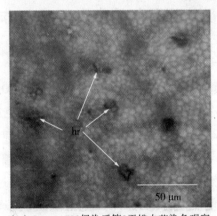

（b）Ontario 792 侵染后第 9 天锥虫蓝染色观察

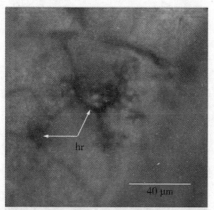

（c）Ontario 792侵染后第12天锥虫蓝染色观察

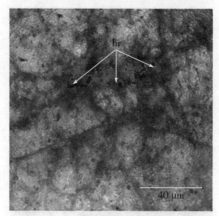

（d）Ontario 792侵染后第16天锥虫蓝染色观察

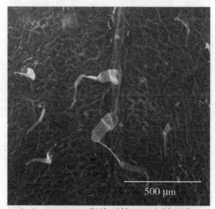

（e）Ontario 792侵染后第16天电镜观察

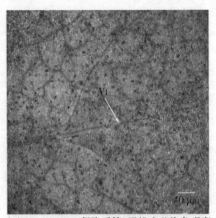

（f）Money Maker侵染后第0天锥虫蓝染色观察

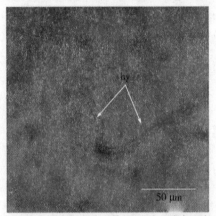

（g）Money Maker侵染后第9天锥虫蓝染色观察

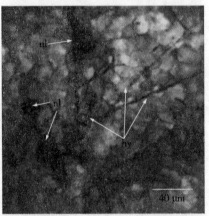

（h）Money Maker侵染后第12天锥虫蓝染色观察

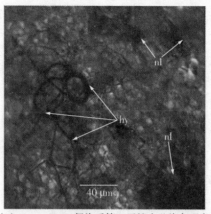

（i）Money Maker侵染后第16天锥虫蓝染色观察

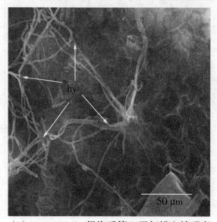

（j）Money Maker侵染后第16天扫描电镜观察

图 2 - 2 番茄叶片光学显微镜与电镜观察

注:hr 表示过敏性反应,hy 表示菌丝,nl 表示坏死斑,Vt 表示叶脉。

2.2.3 番茄与番茄叶霉菌的亲和互作与非亲和互作中生理指标的测定

图 2 - 3 为抗病材料 Ontario 792 与感病材料 Money Maker 接种后第 0 天、第 5 天、第 9 天、第 12 天、第 16 天、第 21 天活性氧含量和保护酶活性的变化。从接种前到接种后第 5 天活性氧的含量在 Ontario 792 和 Money Maker 中都急

剧升高,但是值得注意的是活性氧的含量在 Money Maker 中始终高于在 Ontario 792 中。在抗感材料中 CAT 活性在 0～5 天急剧升高,然后在 5～21 天逐渐下降后升高再下降。SOD 活性在 Ontario 792 中 0～5 天升高至峰值,而后缓慢下降,12～16 天上升,16～21 天下降;而在 Money Maker 中,变化趋势则是先下降,5～9 天升高至峰值。POD 活性在 Ontario 792 中变化不大,在 Money Maker 中 0～9 天急剧升高。在侵染的 0～16 天中,CAT 和 POD 活性在 Ontario 792 中始终比在 Money Maker 中高。这个结果很可能与抗病材料中含有的 *Cf* - 10 基因有关。

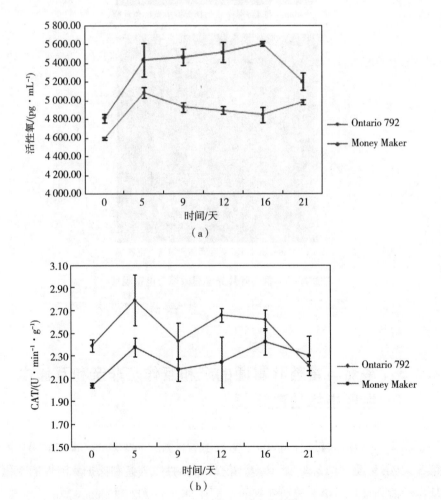

（a）

（b）

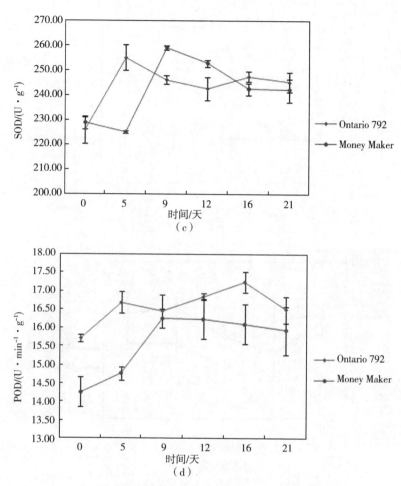

图 2 - 3 抗感材料接种后活性氧含量和保护酶活性的变化

抗感材料被番茄叶霉菌侵染后,其叶片内的激素含量也有所不同,如图 2 - 4 所示。在抗病材料 Ontario 792 中茉莉酸含量 5 ~ 12 天急剧上升至峰值 (第 9 天)而后急剧下降,而在感病品种中含量几乎不变。水杨酸含量的变化趋势在抗感材料中很相似,不同的是下降到低谷的时间点不一样,在感病品种中,接种后第 5 天就达到最低值,而在抗病品种中到第 9 天才达到最低值。水杨酸和茉莉酸含量的变化很有可能与其介导的抗病通路相关。

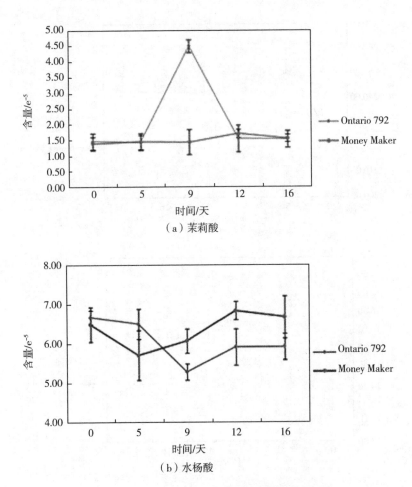

图 2 − 4　抗感材料接种后水杨酸和茉莉酸含量的变化

2.3　讨论

　　植物与病原菌的互作主要分为两种，即亲和互作（感病）与非亲和互作（抗病）。非亲和互作是在病原菌侵染的早期植物与病原菌相互识别，而后形成植物组织或者细胞的局部死亡，进而限制病原菌在寄主内生长，这就是过敏性反应。Lam 等人认为植物过敏性反应不是病原菌侵染细胞造成的直接细胞损伤，而是植物通过内在的抗病基因激发的抗病反应，从而使被侵染的细胞或者组织快速死亡。发生了过敏性反应的细胞能够产生某些物质,激发植物的防御基因,从而激发系统抗性。然而在感病品种中,不发生这种特异性识别。含有抗番茄叶霉病基因 *Cf* - 10 的番茄品种 Ontario 792 有过敏性反应的发生,随着侵染天数的增加,过敏性反应限制了病原菌在抗病品种中的生长,而感病品种没有过敏性反应,因此病原菌生长旺盛。

当植物被病原菌侵染后,过敏性反应往往伴随着活性氧的迸发和累积。在植物受到生物胁迫和非生物胁迫的时候,活性氧产生和清除之间的平衡就会被打破,导致活性氧含量迅速上升。在本书中,无论是亲和互作还是非亲和互作,活性氧的含量都是上升的,主要是因为病原菌的侵入导致活性氧产生和清除的平衡被打破。当病原菌入侵时,植物细胞会激活一些保护酶,如CAT、SOD、POD 等。病原菌侵染后植物体内的活性氧可能会有以下几个特点:1. 活性氧的迸发与过敏性反应有着密切联系,过敏性反应导致的活性氧迸发主要有两个峰值。本章的研究结果只发现了一个峰值,很可能因为另一个活性氧迸发的峰值在番茄叶霉菌侵染番茄 0～5 天之间,而采样时间点恰巧错过了第一个峰值。往往第二个峰值持续时间长、强度大。2. 活性氧迸发在细胞内和细胞外同时产生。3. 活性氧的迸发早于过敏性反应,这一点在本试验中得到了证实,在 5 天左右发现活性氧迸发,而在 9 天左右通过染色发现了过敏性反应。

王晓艳的研究表明,番茄与番茄叶霉菌的互作过程中,SOD、POD、CAT 活性变化与抗病基因的关系很大。SOD、POD、CAT 属于植物内保护酶,能够有效清除活性氧,从而减轻活性氧对膜脂的损伤。其结论与本书结果基本相符和,从而根据过敏性反应与活性氧及保护酶的关系,提出了一个设想(如图2 - 5)。

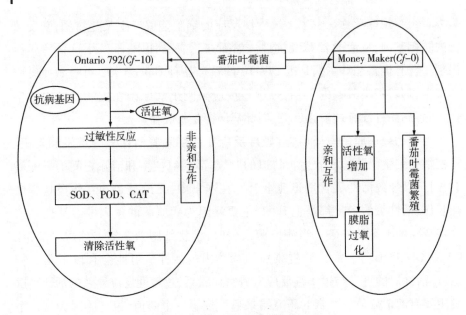

图 2 - 5　番茄与番茄叶霉菌互作

水杨酸、茉莉酸是植物信号传导途径中的重要信号分子,且这些信号传导途径相互间产生协同作用或者拮抗作用。在番茄与番茄叶霉菌非亲和互作过程中,番茄抗叶霉基因 *Cf*-10 起了决定性的作用,茉莉酸的含量在 5 ~ 12 天内达到峰值,这很可能和茉莉酸信号传导通路中的关键结点基因有一定的联系。

3 番茄抗叶霉病基因 $Cf-10$ 的初步定位

已克隆的番茄抗叶霉病基因很多,如 $Cf-2$、$Cf-4$、$Cf-5$、$Cf-9$ 等,但是番茄叶霉菌分化速度快,且生理小种多,很多含有抗病基因的材料在田间种植过程中失去其抗性。因此,寻找新的抗病基因显得十分重要。番茄抗叶霉病基因 $Cf-10$ 对多数生理小种具有广谱抗性,且目前对 $Cf-10$ 的定位研究较少。本章采用 BSA 对 F_2 群体进行初步筛选定位。

3.1 材料与方法

3.1.1 试验材料

抗病母本 P_1 为 Ontario 792(含抗病基因 $Cf-10$),感病父本 P_2 为 Money Maker(不含番茄抗叶霉病基因,可记作 $Cf-0$)。父母本杂交获得 F_1。F_1 自交得到 F_2 群体,F_1 与 P_2 回交获得 BC_1P_2 群体。

3.1.2　试验方法

3.1.2.1　人工接种方法

取相同条件下生长的 Ontario 792 和 Money Maker 番茄苗,两个亲本各 10 棵作为一组(Money Maker 用于对照检测病原菌活性),分为若干组,每组接种一个生理小种,另外按相同的方法取番茄苗,接种清水作为对照,整个试验重复 3 次。接种在 5~6 片真叶期进行。取实验室保存的纯化番茄叶霉菌生理小种进行活化,7~8 天后进行接种。打开培养皿,将菌丝体轻轻刮下,浸泡于无菌水中,待孢子悬浮于菌液中,取少量菌液检测孢子浓度,根据此浓度对菌液进行稀释,最终得到浓度为每毫升 1×10^7 个孢子的孢子悬浮液。

接种前 24 h 对待接种材料进行保湿,采用喷雾接种法将配好的孢子悬浮液均匀喷洒于植株上,接种后继续保湿 24 h,将条件维持在温度 22~25 ℃、湿度 90% 以上。

3.1.2.2　番茄叶霉病抗性鉴定分级标准

(1)番茄叶霉病单株分级标准

0 级:无症状。

1 级:接种叶有直径 1 mm 的白斑或坏死斑。

3 级:接种叶有直径 2~3 mm 的黄化斑,叶背面有少量白色霉状物,无孢子形成。

5 级:接种叶有直径 5~8 mm 的黄化斑,叶背面有许多白色霉状物,有孢子形成。

7 级:接种叶有直径 5~8 mm 的黄化斑,叶背面有黑色霉状物,产生大量孢子,上部叶片也有黑色霉状物,但无孢子。

9 级:接种叶病斑上有大量孢子,上部叶片也有孢子形成。

(2)番茄叶霉病群体分级标准

将番茄叶霉病单株分级鉴定 0~3 级记为抗病(R),将番茄叶霉病单株分级鉴定 5~9 级记为感病(S)。

3.1.2.3　样品 DNA 的提取

采集 Ontario 792 和 Money Maker 幼嫩叶片,用无菌水清洗叶片,称取 1.5 g 左右,放于离心管中,液氮冷冻后备用。根据 F₂ 群体接种后的表型鉴定,从中挑选 20 棵抗病植株、20 棵感病植株,分别提取 DNA,检测浓度后稀释到同一浓度,等量混合,分别建立抗感池。

DNA 提取:

(1)取 0.2 g 新鲜的番茄幼嫩叶片,去掉叶脉,清洗干净,用滤纸吸干放入离心管中,加入液氮迅速研磨成粉末。

(2)加入 700 μL 预热的 CTAB 提取液充分混匀;65 ℃水浴 1 h,水浴期间每隔 5~10 min 轻轻上下颠倒混匀样品。

(3)静置至室温,加入等体积的氯仿: 异戊醇(24:1),轻柔混合样品,静置 10 min,12 000 r/min 离心 10 min。

(4)取上清液,放入新的离心管中,加入等体积的氯仿: 异戊醇(24:1),轻柔混合样品,静置 10 min,12 000 r/min 离心 10 min。

(5)取上清液,放入新的离心管中,加入等体积的预冷充分的异丙醇,缓慢混匀。在 –20 ℃的冰箱静置 20 min,4 ℃、10 000 r/min 离心 10 min。

(6)弃上清液,加入 500 μL 75% 乙醇洗涤沉淀 2 次,在超净工作台中吹干。

(7)加入 30 μL 去离子水溶解 DNA,置于 –20 ℃下保存。

3.1.2.4　基因组重测序

将抗感亲本与抗病池、感病池的 DNA 进行基因组重测序。重测序主要包括样品的检测、文库的构建、文库质量检测和上机测序等步骤,如图 3 –1。样品检测合格后,用超声破碎法将 DNA 片段随机打断成 350 bp 的片段,DNA 片段经末端修复、3′端加 A、加接头、纯化、PCR 扩增完成测序文库的构建。

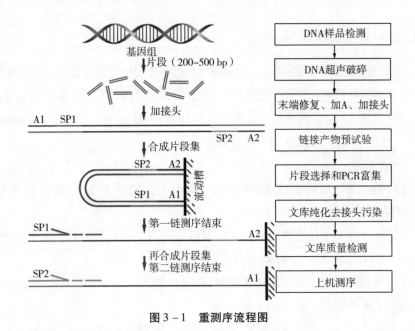

图 3 - 1　重测序流程图

3.1.2.5　信息分析流程

信息分析主要包括对原始数据的质量控制、与参考基因组比对、SNP 和 Indel 的结构变异检测与注释、关联分析亲本和混池等，并将区域内的候选基因注释到各个数据库中，如图 3 - 2 所示。

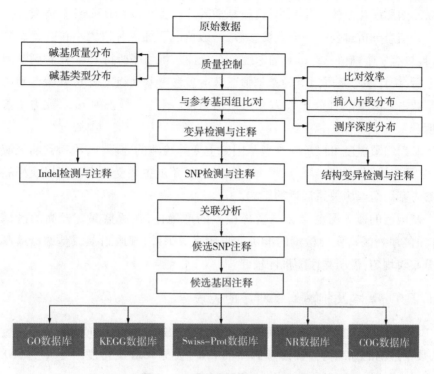

图 3 – 2 重测序信息分析流程图

高通量测序得到的原始图像数据文件,经过碱基识别 base calling,分析转化为原始测序序列,我们称之为 raw data。通过对原始数据进行计算可以得到碱基错误率,用以衡量数据质量。碱基类型分布用于检测有无 A、T 和 G、C 分离现象,如有 A、T 和 G、C 分离则可能是建库测序中差异扩增引起的,会影响后续的分析。高通量测序的序列为基因组随机打断后的 DNA 片段,这些片段在整个基因组上的分布是均匀的,同时根据碱基互补配对的原则,A、T 和 G、C 的含量一定是一致的。但是因为测序自身的局限性,所以 A、T 和 G、C 含量多少会有波动。数据质量控制还要过滤掉低质量的数据。去除含有接头的 read,去除质量低的 read。

重测序获得的 read 需要重新比对到参考基因组上,而后能根据比对的结果,进行基因结构的变异分析。与参考基因组进行比对后:1. 进行插入片段的统计分析。检测 read 双端在所参考基因组上的起始位置,能够得到样品 DNA

打断后的测序片段的实际大小,这就是插入片段大小(insert size)。插入片段大小是信息分析过程中一个重要参数,一般情况下插入片段大小符合正态分布,且只有一个峰值。2. read 的深度分布统计。将测序所得 read 比对到基因组上后,统计参考基因组上的碱基覆盖情况。参考基因组上被 read 覆盖到的碱基数占基因组的百分比称为基因组覆盖度,碱基上覆盖的 read 数为覆盖深度。

基因组覆盖度可以反映参考基因组上变异检测的完整性,覆盖到的区域越多,可以检测到的变异位点越多。基因组覆盖度主要受测序深度以及样品与参考基因组亲缘关系远近的影响。

基因组的覆盖深度会影响变异检测的准确性,在覆盖深度较高的区域(非重复序列区),变异检测的准确性也较高。另外,基因组上碱基的覆盖深度分布较均匀,说明测序随机性较好。

3.1.2.6 亲本及抗感池重测序的关联分析

(1)SNP、Indel 的筛选:在关联分析之前,对 SNP、Indel 数据的质量进行过滤,数据过滤的标准为去掉多基因型的 SNP,去掉 read 支持度小于 4 的 SNP 位点,过滤掉混池间基因型一致的 SNP 位点。

(2)ED 算法关联结果:该算法是利用测序数据中抗病池和感病池之间的差异显著的标记来评估与抗感性状关联的区域。

(3)SNP – index 方法关联结果:SNP – index 是一种通过混池之间的基因型频率差异进行关联分析的方法,主要寻找两个混池之间基因型频率的显著差异,我们用 Δ(SNP – index)进行统计。

(4)联合分析 ED 算法和 SNP – index 算法缩小候选区域。

(5)对候选区域内的基因在各个数据库中进行注释。

3.2 结果与分析

3.2.1 *Cf* – 10 基因遗传规律的研究

接种后群体的调查结果如表 3 – 1,P_1 和 F_1 表现为全部抗病,P_2 表现为全部感病,F_2 群体中,391 株表现为抗病,138 株表现为感病;卡方检验结果表明符合孟德尔遗传规律 3:1,同时回交群体的性状也符合孟德尔遗传规律 1:1。

表 3 - 1   群体材料中 $Cf-10$ 基因的抗病性遗传分析

世代	植株总数	抗病植株数量	感病植株数量	抗感分离比	χ^2
P_1	50	50	0	—	—
P_2	50	0	50	—	—
F_1	20	20	0	—	—
F_2	529	391	138	2.83:1	0.082
BC_1P_2	45	23	22	1.045:1	0.011

注:$\chi^2_{0.05,1} = -3.84$。

3.2.2   测序数据的总体质量控制

各样品的测序结果见表 3 - 2,测序共获得 117.63 Gb 数据量,过滤后 read 为 116.3 Gb,Q30 达到 90% 以上,平均每个样品测序深度 35.11 X。

表 3 - 2   样品测序评估统计

样品	过滤后 read	过滤后碱基	Q30/%	(G + C)%
Ontario 792	89 945 037	26 936 897 598	93.89	36.77
Money Maker	119 076 889	35 669 022 456	91.25	35.69
抗病池	96 599 912	28 933 321 402	94.27	36.18
感病池	82 672 515	24 760 696 224	94.33	36.30

3.2.3   测序数据与参考基因组的比对统计

本试验的参考基因组为 Solanum_lycopersicum.SL3.0。样品与参考基因组的比对结果见表 3 - 3.

表 3-3　比对统计结果

样品	双端测序	单端比对/%	双端比对/%
Ontario 792	179 890 074	98.49	89.45
Money Maker	238 153 778	93.9	89.53
抗病池	193 199 824	96.76	89.8
感病池	165 345 030	97.28	90.47

3.2.4　插入片段分布统计

由图 3-3 可知,亲本和混池的插入片段分布图符合正态分布,说明可以进行后续的数据分析。

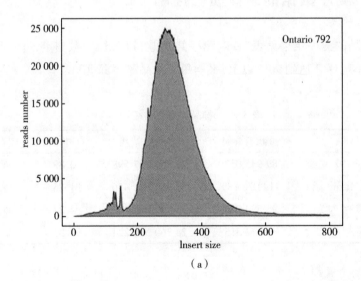

(a)

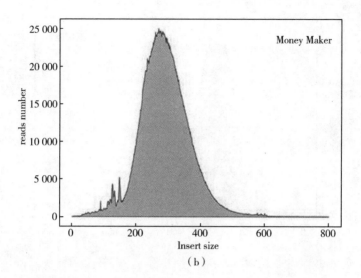

（b）

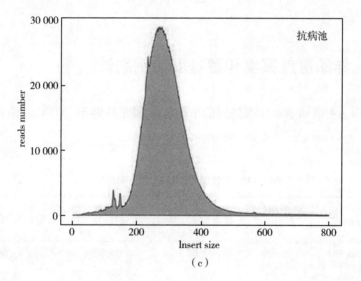

（c）

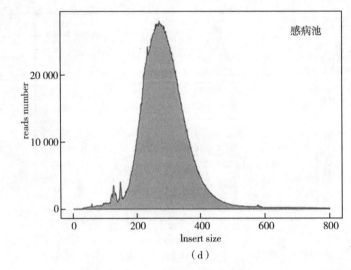

图 3 – 3　插入片段分布图

3.2.5　样品覆盖深度和覆盖度比例统计

由表 3 – 4 可知亲本和混池间的平均覆盖深度约为 31.57 X,基因组的覆盖度约为 99.19%,平均每个个体至少覆盖一层。

表 3 – 4　覆盖深度和覆盖度比例统计

样品	平均覆盖深度/X	覆盖度 1X/%	覆盖度 5X/%	覆盖度 10X/%
Ontario 792	29	97.67	96.92	96.06
Money Maker	38	99.63	99.4	99.03
抗病池	31	99.73	99.51	98.98
感病池	27	99.73	99.45	98.57

3.2.6 SNP 的关联分析与 Indel 的关联分析

3.2.6.1 SNP 的 ED 算法与 SNP-index 算法

SNP 数据经过筛选后,利用抗病池和感病池间基因型存在差异的 SNP 位点,统计各个碱基在不同池间的深度,同时计算每个位点 ED 值,关联值分布如图 3-4 所示。基于 ED 算法得到的关联区域长度为 4.71 Mb,共包含 506 个基因,其中非同义突变的基因共 78 个,见表 3-5。

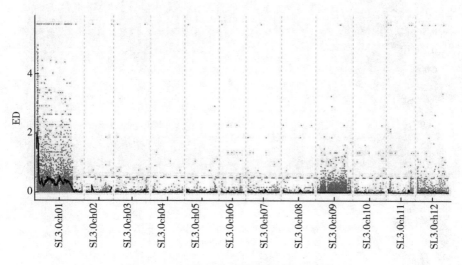

图 3-4　ED 算法关联分析的候选区域图

表 3-5　基于 ED 算法的关联区域统计表

染色体号	起始位置	终止位置	长度/Mb	基因数
1 号	0	4 710 000	4.71	506
总计	—	—		506

SNP 数据经过筛选后,利用 SNP-index 算法计算抗病池和感病池之间的基因频率差异,得到的结果如图 3-5。根据 SNP-index 算法得到的区域为 1

个,总长度为 3. 35 Mb,共包含 424 个基因,其中非同义突变的基因为 73 个,见表 3 - 6。

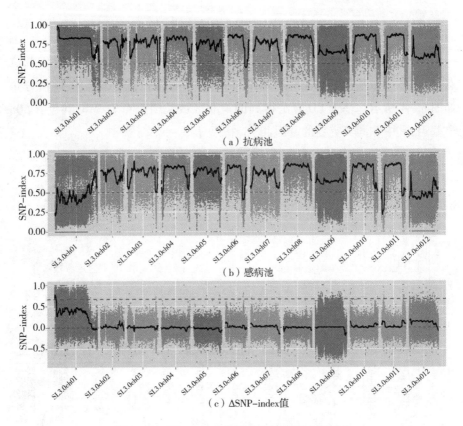

（a）抗病池

（b）感病池

（c）ΔSNP-index值

图 3 - 5 SNP - index 关联值在染色体上的分布

注:本图仅做示意。横坐标为染色体名称,各点代表计算出来的 SNP - index 值,黑色的线为拟合后的 SNP - index 值。

表 3 - 6 基于 SNP - index 算法的关联区域统计表

染色体号	起始位置	终止位置	大小/Mb	基因数
1 号	0	3 350 000	3. 35	424
总计	—	—	3. 35	424

3.2.6.2 Indel 的 ED 算法与 Indel - index 算法

Indel 数据经过筛选后,利用抗病池和感病池间基因型存在差异的 SNP 位点,统计各个碱基在不同池间的深度,同时计算每个位点 ED 值,关联值分布如图 3 - 6。基于 ED 算法得到 3 个关联区域,总长度 6.25 Mb,共包含 524 个基因,其中移码突变的基因共 21 个,见表 3 - 7。

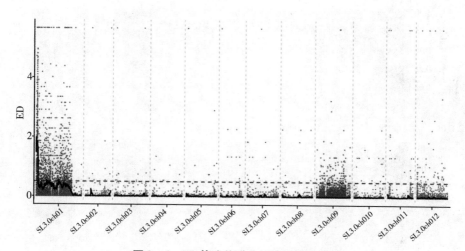

图 3 - 6   ED 算法关联分析的候选区域图

表 3 - 7   基于 ED 算法的关联区域统计表

染色体号	起始位置	终止位置	长度/Mb	基因数
1 号	0	4 790 000	4.79	511
1 号	23 110 000	23 680 000	0.570	5
1 号	23 880 000	24 220 000	0.340	8
总计	—	—		524

Indel 数据经过筛选后,利用 Indel - index 算法计算抗病池和感病池之间的基因频率差异,得到的结果如图 3 - 5。根据 Indel - index 算法得到的区域为 1 个,总长度为 3.74 Mb,共包含 454 个基因,其中移码突变的基因为 73 个,见表 3 - 8。

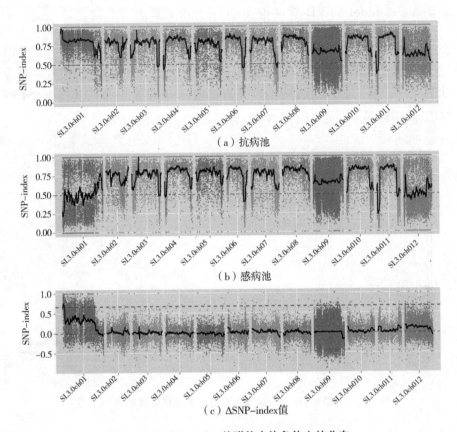

图 3 - 7　Indel - index 关联值在染色体上的分布

注:本图仅做示意。横坐标为染色体名称,各点代表计算出来的 SNP - index 值,黑色的线为拟合后的 SNP - index 值。

表 3 - 8　基于 Indel - index 算法的关联区域统计表

染色体号	起始位置	终止位置	长度/Mb	基因数
1 号	60 000	3 800 000	3.74	454
总计	—	—	3.74	454

3.2.6.3　SNP 结果和 Indel 结果联合分析

对 SNP 和 Indel 对应的结果取交集,得到如表 3 - 9 的最候选区域。最终这 3.29 Mb 的候选区域内,亲本之间存在的 SNP 的非同义突变为 204 个,混池之间存在的 SNP 的非同义突变为 358 个;亲本间存在的 Indel 移码突变为 23 个,混池间存在的 Indel 移码突变为 31 个;该候选区域内的基因为 419 个,去除重复后的最终基因为 408 个。

表 3 - 9　关联区域统计表

染色体号	起始位置	终止位置	长度/Mb	基因数
1 号	60 000	3 350 000	3.29	419
总计	—	—	3.29	419

3.2.7　候选区域内基因的功能注释

运用 Blast 对最终关联区域内的编码基因进行多个数据库的注释,例如 NR、Swiss - Prot、KEGG 等。

表 3 - 10　关联区域内基因功能注释统计

基因注释数据库	注释基因数
NR	394
NT	408
TrEMBL	408
Swiss - Prot	295
GO	193
KEGG	146
COG	138
除去重复后的基因数目	408

3.3　讨论

　　根据 BSA 中 2 种算法(ED 及 index)分别对 SNP 和 Indel 进行计算得到关联区域,将这 4 种算法的结果取交集,最终得到的候选区域为 1 号染色体上 60 000 ~ 3 350 000 区间,区间大小为 3. 29 Mb。区间内的 SNP 位点的非同义突变和 Indel 的移码突变很有可能是抗病基因或者感病基因突变的位点,因此筛选结果中 Indel 的移码突变共 23 个(表 3 – 11),SNP 的非同义突变共 204 个(见附表)。

　　为了进一步筛选数据,抗病亲本和感病亲本都是纯合的材料,我们大胆假设,抗病池内很有可能为两种基因型混合,感病池内的基因型同感病亲本一致,筛选后在候选区域内得到 23 个符合假设的 SNP 位点,如表 3 – 12。根据已克隆的番茄叶霉病基因编码的典型结构特征即 eLRR – TM,结合候选区间内全部基因的功能注释,在候选区间内得到 16 个与已克隆的抗病基因结构相似的基因(*Solyc*01*g*005720. 3、*Solyc*01*g*005715. 1、*Solyc*01*g*005865. 1、 *Solyc*01*g*005760. 3、*Solyc*01*g*005710. 2、*Solyc*01*g*007130. 3、*Solyc*01*g*008140. 3、 *Solyc*01*g*005730. 3、*Solyc*01*g*008390. 2、*Solyc*01*g*006545. 1、*Solyc*01*g*008410. 2、 *Solyc*01*g*006550. 3、*Solyc*01*g*005775. 1、*Solyc*01*g*005870. 2、*Solyc*01*g*005755. 1、 *Solyc*01*g*008800. 2)作为候选基因,其中包含非同义突变和移码突变基因 9 个 (*Solyc*01*g*005730. 3、*Solyc*01*g*008390. 2、*Solyc*01*g*006545. 1、*Solyc*01*g*008410. 2、 *Solyc*01*g*006550. 3、*Solyc*01*g*005775. 1、*Solyc*01*g*005870. 2、*Solyc*01*g*005755. 1、 *Solyc*01*g*008800. 2)。

　　但上述的分析方法存在一定的风险:(1)抗病基因的突变位点也有小概率不在非同义突变和移码突变中产生;(2)即便已克隆的抗病基因具有典型的 *Cf* 基因结构特点,也不能排除极典型的例外情况。

表 3-11 关联区域内 Indel 移码突变位点

序号	染色体	位置	参考基因组	突变位点	R01	R02	R03	R04	密码子改变
1	1号	491 337	AGCTCCACCTT	A	A	AGCTCCACCTT	A,AGCTCCACCTT	AGCTCCACCTT	GAGCTCCACCTT
2	1号	503 462	T	TGCAAG	T	T,TGCAAG	TGCAAG,T	TGCAAG,T	ACTGCAAGACT
3	1号	651 951	A	AG	A	AG	N	AG,A	CTCCCTC

序号	基因 ID	Pfam 数据库注释	Swiss-Prot 数据库注释	NR 数据库注释
1	*Solyc01g* 005730.3	leucine rich repeats(2 copies); leucine rich repeat; leucine rich repeat; leucine rich repeat N-terminal domain; leucine rich repeat	receptor-like protein 12(precursor) GN=RLP12 OS=Arabidopsis thaliana(mouse-ear cress) PE=2 SV=2	NLOC [*Solanum lycopersicum*]
2	*Solyc01g* 005775.1	leucine rich repeats(2 copies); leucine rich repeat; leucine rich repeat; leucine rich repeat N-terminal domain; leucine rich repeat	receptor-like protein 12(precursor) GN=RLP12 OS=Arabidopsis thaliana(mouse-ear cress) PE=2 SV=2	predicted: receptor-like protein 12 [*Solanum lycopersicum*]
3	*Solyc01g* 005980.3	protein of unknown function, DUF538	—	predicted: uncharacterized protein LOC101247847 [*Solanum lycopersicum*]

续表

序号	染色体	位置	参考基因组	突变位点	R01	R02	R03	R04	密码子改变
4	1号	1 097 688	T	TA,TAAA	TAAA	TA	TA	TA,T	TAATAAA
5	1号	1 125 309	CAGATTG-CAGATAG	C	C,CAGATT-GCAGATAG	CAGATTG-CAGATAG	CAGATTGC-AGATAG,C	C,CAGATT-GCAGATAG	TCTATCTG-CAATCTG
6	1号	1 125 455	ACTTGAACT	A	A,ACT-TGAACT	ACTTGAACT	ACTTGAACT,A	A,ACTTGAACT	GAGTTCAAG

序号	基因 ID	Pfam 数据库注释	Swiss–Prot 数据库注释	NR 数据库注释
4	*Solyc01g 006510.3*	alcohol dehydrogenase groES – like domain; zinc – binding dehydrogenase	sorbitol dehydrogenase GN = *SDH* OS = *Arabidopsis thaliana* (mouse – ear cress) PE = 1 SV = 1	sorbitol related enzyme [*Solanum lycopersicum*]
5	*Solyc01g 006550.3*	leucine rich repeats(2 copies); leucine rich repeat; leucine rich repeat; leucine rich repeat; leucine rich repeat N – terminal domain; leucine rich repeat	receptor – like protein 12 (precursor) GN = *RLP12* OS = *Arabidopsis thaliana* (mouse – ear cress) PE = 2 SV = 2	predicted: receptor – like protein 12 isoform X2 [*Solanum lycopersicum*]
6	*Solyc01g 006550.3*	leucine rich repeats(2 copies); leucine rich repeat; leucine rich repeat; leucine rich repeat; leucine rich repeat N – terminal domain; leucine rich repeat	receptor – like protein 12 (precursor) GN = *RLP12* OS = *Arabidopsis thaliana* (mouse – ear cress) PE = 2 SV = 2	predicted: receptor – like protein 12 isoform X2 [*Solanum lycopersicum*]

续表

序号	染色体	位置	参考基因组	突变位点	R01	R02	R03	R04	密码子改变
7	1号	1 293 037	CA	C	CA	CA,C	C,CA	CA	AAA
8	1号	2 085 373	G	GCC	G,GCC	G	G,GCC	G	AGTAGCCT
9	1号	2 085 470	GCATA	G	GCATA,G	GCATA	GCATA,G	GCATA	CATAAT

序号	基因 ID	Pfam 数据库注释	Swiss-Prot 数据库注释	NR 数据库注释
7	*Solyc01g* 006710.3	helicase associated domain(HA2); oligonucleotide/oligosaccharide-binding(OB)-fold; helicase conserved C-terminal domain; double-stranded RNA binding motif; DEAD/DEAH box helicase	probable pre-mRNA-splicing factor ATP-dependent RNA helicase GN=*At2g47250* OS=*Arabidopsis thaliana*(mouse-ear cress) PE=2 SV=1	predicted: ATP-dependent RNA helicase DHX36 [*Solanum lycopersicum*]
8	*Solyc01g* 007960.3	protein kinase domain; protein tyrosine kinase; salt stress response/antifungal	cysteine-rich receptor-like protein kinase 2(precursor) GN=*CRK2* OS=*Arabidopsis thaliana*(mouse-ear cress) PE=2 SV=1	predicted: cysteine-rich receptor-like protein kinase 2 isoform X1 [*Solanum lycopersicum*]
9	*Solyc01g* 007960.3	protein kinase domain; protein tyrosine kinase; salt stress response/antifungal	cysteine-rich receptor-like protein kinase 2(precursor) GN=*CRK2* OS=*Arabidopsis thaliana*(mouse-ear cress) PE=2 SV=1	predicted: cysteine-rich receptor-like protein kinase 2 isoform X1 [*Solanum lycopersicum*]

续表

序号	染色体	位置	参考基因组	突变位点	R01	R02	R03	R04	密码子改变
10	1号	2 115 186	C	CT	C,CT	C	C,CT	C	TTATTAA
11	1号	2 427 909	CAAATGGAG	C	C,CAAATGGAG	CAAATGGAG	CAAATGGAG,C	CAAATGGAG,C	ACTCCATTT
12	1号	2 427 936	CTT	C	C,CTT	CTT	C,CTT	CTT	GAA

序号	基因 ID	Pfam 数据库注释	Swiss-Prot 数据库注释	NR 数据库注释
10	*Solyc01g008005.1*	transcription factor TFIID (or TATA-binding protein, TBP)	TATA-box-binding protein GN=*TBP* OS=*Solanum tuberosum*(potato) PE=2 SV=1	predicted: TATA-box-binding protein-like [*Solanum tuberosum*]
11	*Solyc01g008410.2*	leucine rich repeat; leucine rich repeat; leucine rich repeats(2 copies); leucine rich repeat; leucine rich repeat; leucine rich repeat N-terminal domain; leucine rich repeat; leucine rich repeat	receptor-like protein 12(precursor) GN=*RLP*12 OS=*Arabidopsis thaliana*(mouse-ear cress) PE=2 SV=2	Hcr9-OR2C [*Solanum pimpinellifolium*]
12	*Solyc01g008410.2*	leucine rich repeat; leucine rich repeat; leucine rich repeats(2 copies); leucine rich repeat; leucine rich repeat; leucine rich repeat N-terminal domain; leucine rich repeat; leucine rich repeat	receptor-like protein 12(precursor) GN=*RLP*12 OS=*Arabidopsis thaliana*(mouse-ear cress) PE=2 SV=2	Hcr9-OR2C [*Solanum pimpinellifolium*]

续表

序号	染色体	位置	参考基因组	突变位点	R01	R02	R03	R04	密码子改变
13	1号	2 498 963	T	TG	TG	T	T	T	TTTTGTT
14	1号	2 545 543	GTCTC	G	GTCTC,G	GTCTC	GTCTC,G	GTCTC	GAGACA
15	1号	2 548 320	CG	C	CG,C	CG	C,CG	CG	TCG

序号	基因 ID	Pfam 数据库注释	Swiss-Prot 数据库注释	NR 数据库注释
13	*Solyc01g* 008476.1	—	—	—
14	*Solyc01g* 008497.1	protein kinase domain; protein tyrosine kinase	probable receptor – like protein kinase At1g67000(precursor) GN=At1g67000 OS =Arabidopsis thaliana(mouse – ear cress) PE=2 SV=2	predicted: probable receptor – like protein kinase At1g67000 isoform X1 [*Solanum lycopersicum*]
15	*Solyc01g* 008500.3	protein kinase domain; protein tyrosine kinase	glycerophosphodiester phosphodiesterase protein kinase domain – containing *GDPDL2* {ECO:0000305} (precursor) OS = Arabidopsis thaliana(mouse – ear cress) PE = 1 SV=1	predicted: probable receptor – like protein kinase At1g67000 [*Solanum lycopersicum*]

续表

序号	染色体	位置	参考基因组	突变位点	R01	R02	R03	R04	密码子改变
16	1号	2 629 015	C	CACTATACATAA-ATTTGAGTGAT-TATTAATTTGTT	C,CACTATACAT-AAATTTGAGTGAT-TATTAATTTGTT	C	C,CACTATACAT-AAATTTGAGTGA-TTTATTAATTTGTT	C	TGATAACAAATTA-ATAATCACTCAAA-TTTATGTATAGTGA
17	1号	2 629 527	AC	A	A,AC	AC	A,AC	AC	AGT
18	1号	2 793 356	TA	T	TA	T	TA,T	T,TA	AGG

序号	基因 ID	Pfam 数据库注释	Swiss - Prot 数据库注释	NR 数据库注释
16	*Solyc01g* 008610.3	glycosyl hydrolases family 17	glucan endo - 1,3 - beta - glucosidase (precursor) GN = *SP41B* OS = *Nicotiana tabacum* (common tobacco) PE = 1 SV = 1	predicted: glucan endo - 1,3 - beta - glucosidase - like [*Solanum lycopersicum*]
17	*Solyc01g* 008610.3	glycosyl hydrolases family 17	glucan endo - 1,3 - beta - glucosidase (precursor) GN = *SP41B* OS = *Nicotiana tabacum* (common tobacco) PE = 1 SV = 1	predicted: glucan endo - 1,3 - beta - glucosidase - like [*Solanum lycopersicum*]
18	*Solyc01g* 008830.2	multicopper oxidase; multicopper oxidase	L - ascorbate oxidase (precursor) GN = *AAO* OS = *Nicotiana tabacum* (common tobacco) PE = 2 SV = 1	predicted: L - ascorbate oxidase - like isoform X1 [*Solanum lycopersicum*]

续表

序号	染色体	位置	参考基因组	突变位点	R01	R02	R03	R04	密码子改变
19	1号	2 795 387	C	CA	C	CA	C	CA	CAACAAA
20	1号	3 098 499	CAT	C	CAT	C,CAT	CAT	C,CAT	CAT
21	1号	3 098 986	G	GATAATTT	G	G,GATAATTT	G	GATAATTT,G	GAGGAT AATTTTAG

序号	基因 ID	Pfam 数据库注释	Swiss-Prot 数据库注释	NR 数据库注释
19	Solyc01g 008830.2	multicopper oxidase; multicopper oxidase	L-ascorbate oxidase(precursor) GN=*AAO* OS=*Nicotiana tabacum*(common tobacco) PE=2 SV=1	predicted: L-ascorbate oxidase-like isoform X1 [*Solanum lycopersicum*]
20	Solyc01g 009140.1	—	endoribonuclease dicer homolog 2 GN= A3g03300 OS=*Arabidopsis thaliana*(mouse-ear cress) PE=1 SV=2	predicted: low quality protein: endoribonuclease dicer homolog 2 - like [*Solanum lycopersicum*]
21	Solyc01g 009140.1	—	endoribonuclease dicer homolog 2 GN= A3g03300 OS=*Arabidopsis thaliana*(couse-ear cress) PE=1 SV=2	predicted: low quality protein: endoribonuclease dicer homolog 2 - like [*Solanum lycopersicum*]

续表

序号	染色体	位置	参考基因组	突变位点	R01	R02	R03	R04	密码子改变
22	1号	3 099 136	T	TA	T	TA,T	TA,T	TA,T	TTGTATG

序号	基因 ID	Pfam 数据库注释	Swiss-Prot 数据库注释	NR 数据库注释
22	*Solyc01g* 009140.1	—	endoribonuclease dicer homolog 2 GN = *At3g03300* OS = *Arabidopsis thaliana*(mouse-ear cress) PE = 1 SV = 2	predicted: low quality protein: endoribonuclease dicer homolog 2 - like [*Solanum lycopersicum*]

注:R01 为 Ontario 792,R02 为 Money Maker,R03 为抗病池,R04 为感病池。表中数据丢失一条。

表 3 – 12　数据联合分析

关联区域	基因组位置	碱基类型			
		Ontario 792	Money Maker	抗病池	感病池
	350 407	G	A	G/A	A
	1 072 559	C	T	C/T	T
	1 224 466	T	C	T/C	C
	1 469 815	A	G	A/G	G
	1 559 161	T	C	T/C	C
	2 014 004	C	G	C/G	G
	2 021 726	C	T	C/T	T
	2 190 462	C	T	C/T	T
	2 246 211	G	A	G/A	A
	2 246 340	G	A	G/A	A
	2 374 221	C	T	C/T	T
60 000 ~ 3 350 000	2 497 868	C	T	C/T	T
	2 516 011	C	A	C/A	A
	2 665 067	T	G	T/G	G
	2 665 100	T	C	T/C	C
	2 666 854	A	C	A/C	C
	2 666 907	G	C	G/C	C
	2 667 271	C	A	C/A	A
	2 667 372	A	G	A/G	G
	2 667 383	G	A	G/A	A
	2 667 620	A	T	A/T	T
	2 769 170	C	T	C/T	T
	2 972 744	G	C	G/C	C

4 KASP 标记精细定位番茄
抗叶霉病基因 *Cf* – 10

KASP 标记的优点有高度稳定、准确性高而且价格便宜，被广泛应用于高通量测序得到的 SNP 位点和 Indel 位点的检测，但在番茄抗叶霉病基因定位研究上第一次采用这种方法。我们根据父母本和抗感池重测序的结果以其中 SNP 的突变位点和 Indel 的插入或者缺失，来开发 KASP 标记，以期能够缩小关联区域的范围，同时对 F_2 群体的田间表型鉴定结果做双重检测。

4.1 材料与方法

4.1.1 试验材料

抗病母本 P_1 为 Ontario 792（含抗病基因 *Cf* – 10），感病父本 P_2 为 Money Maker（不含番茄抗叶霉病基因，可记作 *Cf* – 0）。材料来源见 2.1.1，父母本杂交获得 F_1。F_1 自交得到 F_2 群体，F_1 与 P_2 回交获得 BC_1P_2 群体。

4.1.2 试验方法

4.1.2.1 人工接种方法

取相同条件下生长的 Ontario 792 和 Money Maker 番茄苗,两个亲本各 10 棵作为一组(Money Maker 用于对照检测病原菌活性),分为若干组,每组接种一个生理小种,另外按相同的方法取番茄苗,接种清水作为对照(NTC),整个试验重复 3 次。接种在 5 ~ 6 片真叶期进行。取实验室保存的纯化番茄叶霉菌生理小种,进行活化,7 ~ 8 天后进行接种。将培养皿打开,将菌丝体轻轻刮下,浸泡于无菌水中,待孢子悬浮于菌液中,取少量菌液检测孢子浓度,根据此浓度对菌液进行稀释,最终得到浓度为每毫升 1×10^7 个孢子的孢子悬浮液。

接种前 24 h 对待接种材料进行保湿,采用喷雾接种法将配好的孢子悬浮液均匀喷洒于植株上,接种后继续保湿 24 h,将条件维持在温度 22 ~ 25 ℃、湿度 90% 以上。

4.1.2.2 番茄叶霉病抗性鉴定分级标准

(1)番茄叶霉病单株分级标准

0 级:无症状。

1 级:接种叶有直径 1 mm 的白斑或坏死斑。

3 级:接种叶有直径 2 ~ 3 mm 的黄化斑,叶背面有少量白色霉状物,无孢子形成。

5 级:接种叶有直径 5 ~ 8 mm 的黄化斑,叶背面有许多白色霉状物,有孢子形成。

7 级:接种叶有直径 5 ~ 8 mm 的黄化斑,叶背面有黑色霉状物,产生大量孢子,上部叶片也有黑色霉状物,但无孢子。

9 级:接种叶病斑上有大量孢子,上部叶片也有孢子形成。

(2)番茄叶霉病群体分级标准

将番茄叶霉病单株分级鉴定 0 ~ 3 级记为抗病(R),将番茄叶霉病单株分级鉴定 5~9 级记为感病(S)。

4.1.2.3　DNA 提取方法

采集 Ontario 792 和 Money Maker 幼嫩叶片,用无菌水清洗叶片,称取 1.5 g 左右,放于离心管中,液氮冷冻后备用。根据 F_2 群体接种后的表型鉴定,从中挑选 20 棵抗病植株、20 棵感病植株,分别提取 DNA,检测浓度后稀释到同一浓度,等量混合,分别建立抗感池。

DNA 提取:

(1)称取 0.2 g 新鲜的番茄幼嫩叶片,去掉叶脉,清洗干净,用滤纸吸干后放入离心管中,加入液氮迅速研磨成粉末。

(2)加入 700 μL 预热的 CTAB 提取液充分混匀;65 ℃水浴 1 h,水浴期间每隔 5~10 min 轻轻上下颠倒混匀样品。

(3)去除样品室温,静置至室温,加入等体积的氯仿: 异戊醇(24:1),轻柔混合样品,静置 10 min;12 000 r/min 离心 10 min。

(4)取上清液,放入新的离心管中,加入等体积的氯仿: 异戊醇(24:1),轻柔混合样品,静置 10 min;12 000 r/min 离心 10 min。

(5)取上清液,放入新的离心管中,加入等体积的预冷充分的异丙醇,缓慢混匀。在 –20 ℃的冰箱静置 20 min,4 ℃、10 000 r/min 离心 10 min。

(6)弃上清液,加入 500 μL 75% 乙醇洗涤沉淀 2 次,超净工作台下吹干。

(7)加入 30 μL 去离子水溶解 DNA,置于 –20 ℃下保存。

4.1.2.4　KASP 引物设计及 KASP 反应体系

挑选 SNP 位点及 Indel 位点的准则:(1)突变前后 50 bp 的片段尽量不要有重复的 AAAA 或 TTTT;(2)突变位点的测序深度不能太低;(3)根据抗病池和感病池筛选时尽量避开简并碱基;(4)所挑选的突变最好在 CDS 区,或者是移码突变的 Indel。根据所挑选的 SNP 位点和 Indel 位点进行引物设计。

引物序列如表 4-1。每一组混合的引物有两条碱基末端不同的正向引物(100 μmol/L)各 12 μL 和一条反向引物(100 μmol/L)30 μL,加入 46 μL ddH₂O。为避免对试验结果产生误判,设置空白对照。PCR 反应在 PCR 仪上进行,KASP 反应程序为:95 ℃热激活 15 min;95 ℃变性 20 s,65 ℃退火延伸

25 s,10 个循环,每个循环降低 1 ℃;95 ℃变性 10 s,57 ℃退火和延伸 60 s,共 30 个循环。反应结束后读取荧光数据,采用 SNP Viewer 2 软件制作基因分型图。

KASP 反应体系:

Master Mix	2.5 μL
DNA	2.0 μL
RNase – Free Water	0.43 μL
Mix Primer	0.07 μL
总计	5.0 μL

表 4 – 1　KASP 引物

引物名称	引物序列
1224466A1	GAAGGTGACCAAGTTCATGCTATGTCCTCTCCAAATGAACAGCTTG
1224466A2	GAAGGTCGGAGTCAACGGATTTAATGTCCTCTCCAAATGAACAGCTTA
1224466C	GATGACAATGATGCAATCTCACATCCAA
1330117A1	GAAGGTGACCAAGTTCATGCTCCAGCACTCCATATATCACATTCTG
1330117A2	GAAGGTCGGAGTCAACGGATTTCCAGCACTCCATATATCACATTCTA
1330117C	CGGAAGTGTTGCGTAAGCATTATGGTT
1559161A1	GAAGGTGACCAAGTTCATGCTGACCTAAATCGCTAGTCATGAACTC
1559161A2	GAAGGTCGGAGTCAACGGATTCGACCTAAATCGCTAGTCATGAACTT
1559161C	TCGCTCCATCATTTGAGTTTTCATCGAT
1853905A1	GAAGGTGACCAAGTTCATGCTAGAGGTTGAGTCCAGTGACTGG
1853905A2	GAAGGTCGGAGTCAACGGATTTAAAGAGGTTGAGTCCAGTGACTGT
1853905C	GGCCACATCTGCATACCCGGAATT
2014004A1	GAAGGTGACCAAGTTCATGCTAAACTTAATCATAGGATATCTCATCTTACC
2014004A2	GAAGGTCGGAGTCAACGGATTAAACTTAATCATAGGATATCTCATCTTACG
2014004C	ATCCGTCCGTCCTTTAGGAATCGTT
2190462A1	GAAGGTGACCAAGTTCATGCTGAATTTCCATCATTGCGTCAGTGAC
2190462A2	GAAGGTCGGAGTCAACGGATTGGAATTTCCATCATTGCGTCAGTGAT
2190462C	GGCAATGCTGTGGCAATGAAATCTGAA

续表

引物名称	引物序列
2246211A1	GAAGGTGACCAAGTTCATGCTCAACATGTTCAGGACTATCTACTGTAT
2246211A2	GAAGGTCGGAGTCAACGGATTAACATGTTCAGGACTATCTACTGTAC
2246211C	GGGCTCAGCTCATTCTGAAAGGAG
2501228A1	GAAGGTGACCAAGTTCATGCTTCAAACGAGTCCTGATGCGAGG
2501228A2	GAAGGTCGGAGTCAACGGATTTCAAACGAGTCCTGATGCGAGC
2501228C	CACGAAAATCGTCGAAATGAGGGGTAT
2516011A1	GAAGGTGACCAAGTTCATGCTGGATCCACCATCAGACTGTGATA
2516011A2	GAAGGTCGGAGTCAACGGATTGGATCCACCATCAGACTGTGATC
2516011C	CCATCACCCGAACAAGCTGTGGAT
2767014A1	GAAGGTGACCAAGTTCATGCTCAAAGTTGTTTCCATCAAGATGTAATTTGT
2767014A2	GAAGGTCGGAGTCAACGGATTAAAGTTGTTTCCATCAAGATGTAATTTGC
2767014C	CGGAAGACATTGGATCCTTATCCTCTT
2771725A1	GAAGGTGACCAAGTTCATGCTTGGATGAGCAGGACTTGCTTCTTT
2771725A2	GAAGGTCGGAGTCAACGGATTGGATGAGCAGGACTTGCTTCTTG
2771725C	CAATAATGGTTACGTCAGGGCAGGAA
2972744A1	GAAGGTGACCAAGTTCATGCTTCCGCGATGTAATCCTGAGTTTATC
2972744A2	GAAGGTCGGAGTCAACGGATTTCCGCGATGTAATCCTGAGTTTATG
2972744C	CATTGACTTAGCGAAACCAGATCTTCAAA
482700A1	GAAGGTGACCAAGTTCATGCTGAGGAGGATGTGAATGAGAATCAAC
482700A2	GAAGGTCGGAGTCAACGGATTTAGAGGAGGATGTGAATGAGAATCAAT
482700C	GAAGAAATCTCAAAATGTATCCATTAGGAAATTT
498989A1	GAAGGTGACCAAGTTCATGCTTGTATATTACGGATAGTCCAATAACAAGTT
498989A2	GAAGGTCGGAGTCAACGGATTGTATATTACGGATAGTCCAATAACAAGTC
498989C	CAAGCAGTTCTCATGGGTTACGGTT
575938A1	GAAGGTGACCAAGTTCATGCTGGGGCCTTGTAGTACTTGTTTGAAT
575938A2	GAAGGTCGGAGTCAACGGATTGGGCCTTGTAGTACTTGTTTGAAC
575938C	CCTTCTCATCCAAAGAAGTACTACTACAA
2427909A1	GAAGGTGACCAAGTTCATGCTCTTCATCATCTAGCTCAAATGGAGA
2427909A2	GAAGGTCGGAGTCAACGGATTCTTCATCATCTAGCTCAAATGGAGT
2427909C	GCGATGAAGGGGTACCAGAAGC

4.2 结果与分析

4.2.1 F$_2$群体的表型与基因型分析

用于 KASP 标记的样品包括抗病亲本 Ontario 792、感病亲本 Money Maker、F$_1$单株 2 株、F$_2$单株 141 株,其中有 5 对 KASP 标记能够有效区分抗感亲本及 F$_1$、F$_2$群体的基因型,如表 4 - 2。

这 5 个标记我们分别记为 SNP1 ~ SNP5,排除样品检测信号弱的个体,这 5 个标记将 F$_2$群体分为含有抗病基因的纯合个体和杂合个体,且抗病与感病基因型与表型基本符合单基因显性遗传的分离规律。

表 4 - 2 F$_2$群体表型与 KASP 有效分型引物

序号	表型	1224466 （SNP1）	2014004 （SNP2）	2767014 （SNP3）	2771725 （SNP4）	575938 （SNP5）
1	R	C:T	G:G	T:T	?	G:A
2	R	C:C	G:G	T:T	T:T	A:A
3	R	C:C	G:G	T:T	T:T	A:A
6	R	C:C	G:G	T:T	T:T	A:A
8	S	T:T	C:C	C:C	G:G	G:A
16	R	C:T	G:C	T:C	T:G	G:A
17	R	C:C	G:G	T:T	T:T	A:A
20	R	C:T	G:C	C:C	G:G	G:A
21	R	C:C	G:G	T:T	T:T	A:A
24	R	T:T	G:C	T:C	T:G	G:G
25	S	C:C	G:G	T:C	T:G	A:A
27	R	C:C	G:G	T:C	T:G	A:A
29	R	C:C	G:G	T:T	T:T	A:A
37	R	C:T	G:C	T:C	T:G	G:A

续表

序号	表型	1224466 (SNP1)	2014004 (SNP2)	2767014 (SNP3)	2771725 (SNP4)	575938 (SNP5)
40	R	C:C	G:G	?	T:G	?
41	S	C:T	G:G	T:T	T:T	G:A
43	R	C:C	G:G	T:T	T:T	A:A
56	R	C:C	G:G	T:T	T:T	A:A
57	R	C:T	G:C	T:C	T:G	G:A
59	R	C:C	G:G	T:T	?	A:A
62	S	C:T	C:C	C:C	G:G	G:A
67	S	?	?	?	?	?
68	R	C:C	G:G	T:T	T:T	A:A
69	R	C:C	G:G	T:T	T:T	A:A
72	S	T:T	G:C	T:C	T:G	?
73	R	C:T	G:C	T:C	T:G	G:A
78	R	C:C	G:G	T:T	T:T	A:A
82	S	C:T	G:C	T:C	T:G	G:A
90	R	?	G:C	T:C	T:G	G:G
91	S	T:T	C:C	C:C	G:G	G:G
92	R	C:T	G:C	?	?	G:A
93	R	C:C	G:G	T:T	T:T	A:A
96	R	C:C	G:C	T:C	T:G	A:A
97	S	T:T	C:C	C:C	G:G	G:A
99	S	T:T	C:C	C:C	G:G	G:G
100	S	T:T	C:C	C:C	G:G	G:A
101	R	C:C	G:C	T:C	T:G	A:A
104	S	C:T	C:C	C:C	G:G	G:A
105	R	C:T	C:C	C:C	G:G	G:A
106	R	?	?	T:T	?	?
107	R	?	?	T:C	G:G	?

续表

序号	表型	1224466 (SNP1)	2014004 (SNP2)	2767014 (SNP3)	2771725 (SNP4)	575938 (SNP5)
112	S	C:C	G:G	T:T	T:T	A:A
113	R	C:T	G:C	T:C	T:G	G:A
114	S	T:T	C:C	C:C	G:G	G:G
116	R	?	?	T:C	?	?
117	S	T:T	G:C	T:C	T:G	G:G
118	R	C:T	C:C	C:C	G:G	G:A
120	R	T:T	G:C	T:C	T:G	G:G
121	S	T:T	C:C	C:C	G:G	G:G
123	R	C:T	G:C	T:C	T:G	G:A
125	R	C:C	G:G	?	?	?
126	R	C:C	G:G	T:T	T:T	A:A
201	R	C:T	G:C	T:C	T:G	G:A
202	R	C:T	G:C	T:C	T:G	G:A
203	R	T:T	G:C	T:C	T:G	G:G
206	R	?	?	?	?	?
210	R	C:T	G:G	T:T	T:T	G:A
211	R	?	?	?	G:G	?
212	R	C:T	G:C	T:C	T:G	?
216	R	C:C	G:C	T:C	T:G	A:A
218	R	C:T	G:C	T:C	T:G	G:A
219	S	C:T	C:C	C:C	G:G	G:A
221	R	C:T	G:C	T:C	T:G	G:A
222	R	C:T	G:C	T:C	T:G	G:A
224	R	C:T	G:C	T:C	T:G	G:A
228	R	T:T	C:C	C:C	G:G	G:A
233	R	C:C	G:G	?	T:T	?
235	R	C:C	G:G	T:T	T:T	A:A

续表

序号	表型	1224466 （SNP1）	2014004 （SNP2）	2767014 （SNP3）	2771725 （SNP4）	575938 （SNP5）
238	R	C:C	G:G	T:T	T:T	A:A
239	R	C:C	G:G	T:T	T:T	A:A
243	R	C:C	G:G	T:T	T:T	A:A
245	R	C:T	G:C	T:C	T:G	G:A
247	R	C:T	G:C	T:C	T:G	G:A
249	R	C:T	G:C	T:T	T:T	G:A
253	R	?	G:G	?	?	?
254	S	T:T	C:C	T:C	T:G	G:A
255	S	?	?	?	?	?
257	R	C:T	?	T:C	T:G	G:G
259	R	C:T	G:C	T:C	T:G	G:A
264	R	C:C	G:G	T:T	T:T	A:A
265	S	T:T	C:C	T:C	T:G	G:A
268	S	T:T	C:C	C:C	G:G	G:A
269	S	T:T	C:C	C:C	G:G	G:A
270	R	C:C	G:G	T:T	T:T	A:A
274	S	T:T	C:C	C:C	G:G	G:A
275	S	T:T	C:C	T:C	T:G	G:A
276	S	T:T	C:C	C:C	G:G	G:A
288	R	C:T	G:C	T:C	T:G	G:A
290	S	T:T	C:C	C:C	G:G	G:A
294	S	T:T	C:C	C:C	G:G	G:A
299	R	C:T	G:C	T:C	T:G	G:A
300	S	T:T	C:C	C:C	G:G	G:A
305	S	T:T	C:C	C:C	G:G	G:A
307	R	C:C	G:G	T:T	T:T	A:A
308	R	C:C	G:C	T:C	T:G	A:A

续表

序号	表型	1224466 (SNP1)	2014004 (SNP2)	2767014 (SNP3)	2771725 (SNP4)	575938 (SNP5)
309	R	C:T	G:C	T:C	T:G	G:A
311	R	C:T	G:C	T:C	T:G	G:A
316	S	T:T	C:C	C:C	G:G	G:G
321	R	C:C	G:G	T:T	T:T	A:A
323	R	T:T	C:C	?	G:G	?
324	R	?	G:C	T:C	T:G	G:G
326	R	C:C	G:G	T:C	T:G	A:A
328	S	T:T	C:C	C:C	G:G	G:A
330	R	T:T	C:C	C:C	G:G	G:A
331	R	C:T	G:C	T:C	T:G	G:A
333	R	C:T	G:C	T:C	T:G	G:A
336	R	C:T	G:C	T:C	T:G	G:A
341	R	C:T	G:C	T:C	T:G	G:A
342	R	C:T	G:C	T:C	T:G	G:A
343	R	?	C:C	C:C	?	G:G
344	R	?	G:C	T:C	T:G	G:A
352	R	C:T	G:C	T:C	T:G	?
364	R	C:T	G:C	T:C	T:G	G:A
367	R	?	?	?	T:G	?
371	R	?	?	?	?	?
372	R	C:T	G:C	T:C	T:G	G:A
501	R	?	?	?	?	?
502	R	T:T	C:C	C:C	G:G	G:G
504	R	T:T	C:C	C:C	G:G	G:G
505	R	C:T	G:C	T:C	T:G	G:A
506	R	C:T	G:C	T:C	T:G	G:A
509	R	T:T	G:C	T:C	T:G	G:G

续表

序号	表型	1224466 （SNP1）	2014004 （SNP2）	2767014 （SNP3）	2771725 （SNP4）	575938 （SNP5）
510	R	?	?	C:C	G:G	?
511	R	?	?	T:T	T:T	?
512	R	T:T	G:C	T:C	T:G	G:G
514	R	T:T	C:C	C:C	G:G	G:G
515	R	C:T	G:C	T:C	T:G	G:A
516	R	C:T	G:C	T:C	T:G	G:A
517	R	C:T	G:C	T:C	T:G	G:A
518	R	C:T	G:C	T:C	T:G	G:A
519	R	C:T	G:C	T:C	T:G	G:A
521	R	C:C	G:G	T:T	T:T	A:A
523	R	C:T	G:C	T:C	?	G:A
527	R	C:C	G:G	T:T	T:T	A:A
528	R	C:C	G:G	T:T	T:T	A:A
530	R	C:T	G:C	T:C	T:G	G:A
532	R	?	?	?	?	?
534	R	?	?	T:T	T:T	?
536	R	C:T	C:C	C:C	G:G	G:A
538	R	C:C	G:G	T:C	T:G	A:A
540	R	C:T	G:C	T:C	T:G	A:A
Cf10 - 1	R	C:C	G:G	T:T	T:T	A:A
Cf10 - 2	R	C:C	G:G	T:T	T:T	A:A
F1 - 1	R	C:T	G:C	T:C	T:G	G:A
F1 - 2	R	C:T	G:C	T:C	T:G	G:A
MM - 1	S	T:T	C:C	C:C	G:G	?
MM - 2	S	T:T	C:C	C:C	G:G	G:G
NTC		NTC	NTC	NTC	NTC	NTC

注:NTC 代表清水对照,? 表示未检测出信号。

4.2.2   F₂群体的 KASP 标记的散点图

KASP 标记结果如图 4−1 所示,每个圆点对应一个样品,不同颜色代表不同的基因型。

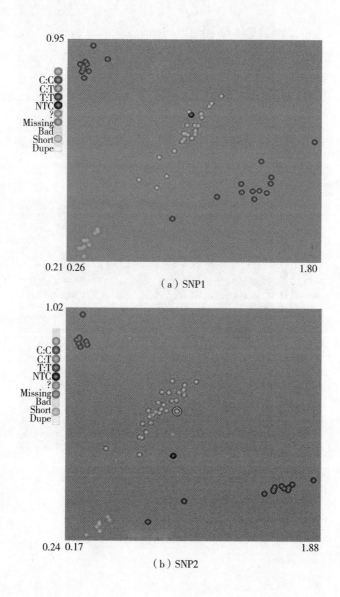

（a）SNP1

（b）SNP2

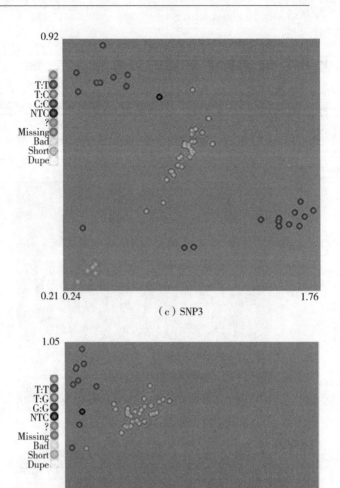

（c）SNP3

（d）SNP4

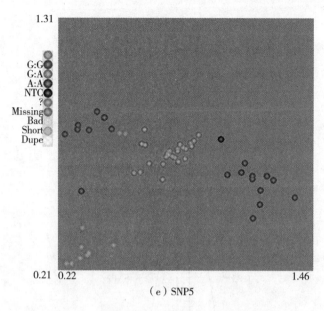

图 4 – 1　样品基因型的 KASP 标记检测散点图

4.2.3　利用 KASP 标记对 *Cf* – 10 基因精细定位

利用 F$_2$ 群体能有效分型 5 对 KASP 引物,使用 Jionmap 4.0 软件对分离群体单株的抗病性和分子标记的分离数据进行连锁分析,得到候选基因位于 SNP1 和 SNP2 两对标记之间,如图 4 – 2。SNP1 与 SNP2 的物理位置分别在番茄 1 号染色体上 1 224 466 ~ 2 014 004,将 *Cf* – 10 基因定位于这 790 kb 的区域内。

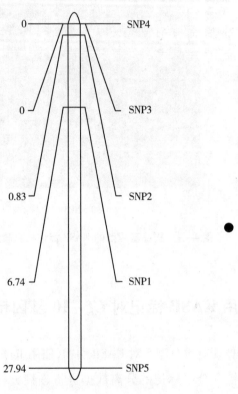

图 4 – 2   与 *Cf* – 10 基因连锁的标记

4.3   讨论

KASP 标记丰富了分子标记的类型,同时为基因定位提供了有效的手段,它可以快速、准确地缩小候选区域。结合最后的 790 kb 的候选区域,我们筛选区域内的基因共 91 个,根据已克隆的 *Cf* 基因编码蛋白的典型结构筛选到 1 个基因(*Solyc*01*g*007130)的注释带有 LRR 结构域。我们可以将该基因作为候选基因进行验证。

5 番茄与番茄叶霉菌亲和互作 与非亲和互作的转录组分析

近年来测序成本不断降低,高通量测序在番茄中也得到了广泛的应用。采用 RNA – Seq 分析番茄与番茄叶霉菌亲和互作与非亲与互作之间差异,能够有效筛选到 *Cf* – 10 抗病通路上的相关基因,可以为 *Cf* – 10 基因的抗病应答机制提供参考。番茄的参考基因组已经公布,这为 RNA – Seq 提供了参考。

本书采用番茄叶霉菌生理小种 1. 2. 3. 4 对抗感材料进行喷雾法接种,对抗感材料接种前与接种后的叶片进行采样,进行 RNA – Seq。根据已公布的参考基因组信息,进行测序片段的拼接、数据的质量控制、差异表达基因的分析和功能预测,筛选到了一些和抗病通路或者感病通路相关的差异表达基因,选择部分差异表达基因进行 qRT – PCR 验证。

5.1　材料与方法

5.1.1　试验材料

　　试验材料种植于东北农业大学园艺站内,材料及来源见表 5 – 1。试验所接种的番茄叶霉菌生理小种均由东北农业大学园艺园林学院番茄课题组提供。

表 5 – 1　供试番茄材料

材料来源	材料	抗病基因
美国番茄遗传种质资源研究中心	Money Maker(LA 2706)	*Cf* – 0
北京市农林科学院蔬菜研究中心	Ontario 792	*Cf* – 10

　　(1)番茄与番茄叶霉菌互作的时间较长,通常 15～21 天时能够观察到叶片上明显的霉层。(2)番茄与番茄叶霉菌互作的时间受抗病基因与生理小种影响较大。(3)由第 2 章锥虫蓝染色、电镜观察及生理指标测定结果可知,第 16 天为菌丝生长和过敏性反应相对增加的阶段。(4)本试验探究时间点对 RNA – Seq 的影响。取抗病材料(Ontario 792)接种前叶片,3 次重复分别记为 Cf – 0 – R1、Cf – 0 – R2、Cf – 0 – R3;取感病材料(Money Maker)接种前叶片,3 次重复分别记为 MM – 0 – R1、MM – 0 – R2、MM – 0 – R3;取抗病材料(Ontario 792)接种后 16 天叶片,3 次重复分别记为 Cf – 16 – R1、Cf – 16 – R2、Cf – 16 – R3;取感病材料接种后 16 天叶片,3 次重复分别记为 MM – 16 – R1、MM – 16 – R2、MM – 16 – R3。

5.1.2　试验方法

5.1.2.1　人工接种方法

取相同条件下生长的 Ontario 792 和 Money Maker 番茄苗,两个亲本各 10 棵作为一组(Money Maker 用于对照检测病原菌活性),分为若干组,每组接种一个生理小种,另外按相同的方法取番茄苗,接种清水作为对照,整个试验重复 3 次。接种在 5~6 片真叶期进行。取实验室保存的纯化番茄叶霉菌生理小种进行活化,7~8 天后进行接种。打开培养皿,将菌丝体轻轻刮下,浸泡于无菌水中,待孢子悬浮于菌液中,取少量菌液检测孢子浓度,根据此浓度对菌液进行稀释,最终得到浓度为每毫升 1×10^7 个孢子的孢子悬浮液。

接种前 24 h 对待接种材料进行保湿,然后采用喷雾接种法将配好的孢子悬浮液均匀喷洒于植株上,接种后保湿 24 h,将条件维持在温度 22~25 ℃、湿度 90% 以上。

5.1.2.2　番茄叶霉病抗性鉴定分级标准

(1)番茄叶霉病单株分级标准

0 级:无症状。

1 级:接种叶有直径 1 mm 的白斑或坏死斑。

3 级:接种叶有直径 2~3 mm 的黄化斑,叶背面有少量白色霉状物,无孢子形成。

5 级:接种叶有直径 5~8 mm 的黄化斑,叶背面有许多白色霉状物,有孢子形成。

7 级:接种叶有直径 5~8 mm 的黄化斑,叶背面有黑色霉状物,产生大量孢子,上部叶片也有黑色霉状物,但无孢子。

9 级:接种叶病斑上有大量孢子,上部叶片也有孢子形成。

(2)番茄叶霉病群体分级标准

免疫(I):不表现症状,病情指数为 0。

高抗(HR):0 < 病情指数 ≤ 11。

抗病(R):11 < 病情指数 ≤ 22。

中抗(MR):22 < 病情指数 ≤ 33。

中感(MS):33 < 病情指数 ≤ 55。

高感(HS):病情指数 > 55。

病情指数计算公式如下:

$$病情指数 = \frac{\sum(发病指数 \times 各级发病株数)}{最高发病级数 \times 接种总株数} \times 100$$

5.1.2.3　RNA 的提取和测序文库的构建

试验所需用的器皿(如研钵、枪头、镊子、离心管等)0.1% DEPC 水过夜浸泡处理,处理后灭菌。用 TRIzol 法提取 RNA。

(1)100 mg 叶片组织加入液氮充分研磨,研磨后加入 1 mL TRIzol,充分振荡混匀,室温下静置 5 min。

(2)向离心管中加入 200 mL 氯仿,剧烈振荡后,4 ℃、12 000 × g 离心 15 min,取上清液移入新的离心管中。

(3)加入约 500 mL 异丙醇,上下颠倒混匀,室温下静置 10 min 后,4 ℃、12 000 × g 离心 10 min,弃上清液。

(4)加入 1 mL 75% 无水乙醇洗涤,4 ℃、7 500 × g 离心 5 min,倒掉乙醇。

(5)加入 30 μL 0.1% DEPC 水溶解。

采用 RNA 植物纯化试剂盒进行纯化。RNA 纯度测定采用 Nano Photometer 完成,RNA - Seq 具体流程如图 5 - 1 所示。

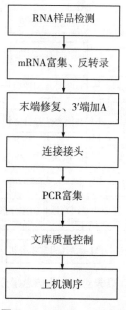

RNA样品检测

mRNA富集、反转录

末端修复、3'端加A

连接接头

PCR富集

文库质量控制

上机测序

图5-1　RNA-Seq流程

5.1.2.4　RNA-Seq的生物信息学分析

将下机数据进行过滤得到clean data,与指定的参考基因组进行序列比对,得到mapped data,进行插入片段长度检验、随机性检验等文库质量评估;进行可变剪接分析、新基因发掘和基因结构优化等结构水平分析;根据基因在不同样品或不同样品组中的表达量进行差异表达分析、差异表达基因功能注释和功能富集等表达水平分析。转录组的生物信息学分析流程如图5-2所示。

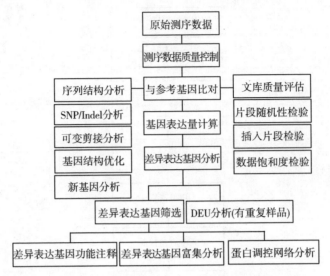

图 5 - 2　转录组的生物信息学分析流程

(1)测序数据及其质量控制

基于边合成边测序(sequencing by synthesis,SBS)技术,Illumina HiSeq 高通量测序平台对 cDNA 文库进行测序,产出大量的高质量 data,称为原始数据(raw data),其大部分碱基质量打分能达到或超过 Q30。

(2)测序碱基质量值

碱基质量值(Q_{-score})是碱基识别(base calling)出错的概率的整数映射。通常使用的碱基质量值公式为:

$$Q_{-score} = -10 \times \lg P$$

其中,P 为碱基识别出错的概率。表 5 - 2 给出了碱基质量值与碱基错误识别率、碱基正确识别率的对应关系:

表 5 - 2　碱基正确识别率与 Q_{-score} 的关系

Phred 分值	碱基错误识别率	碱基正确识别率	Q_{-score}
10	1/10	90%	Q10
20	1/100	99%	Q20
30	1/1 000	99.9%	Q30
40	1/10 000	99.99%	Q40

碱基质量值越高表明碱基识别越可靠,准确度越高。比如,对于碱基质量值为 Q20 的碱基,100 个碱基中有 1 个会识别出错,以此类推。

(3)测序所得数据的质量控制

去除含有接头的 read,去除低质量的 read(包括去除 N 的比例大于 10% 的 read;去除质量值≤Q10 的碱基数占 50% 以上的 read)。

(4)转录组数据与参考基因组比对

将获得的转录组数据与参考基因组进行比对。

(5)序列比对

利用 TopHat2 将 clean read 与参考基因组进行序列比对,获取在参考基因组或基因上的位置信息,以及测序样品特有的序列特征信息。TopHat2 是以比对软件 Bowtie2 为基础,将 read 比对到基因组上,通过分析比对结果识别外显子之间的剪接点。这不仅为可变剪接分析提供数据基础,还能够使更多的 read 比对到参考基因组,提高了测序数据的利用率。

比对过程可分为以下 3 部分:将 read 比对到已知转录组上,将未比对上的 read 整条比对到参考基因组上,将未比对上的 read 分段比对到参考基因组上。

将比对到指定的参考基因组上的 read 称为 mapped read,基于 mapped read 进行后续分析。

(6)基因表达量分析

RNA – Seq 可以模拟成一个随机抽样的过程,即从一个样品转录组的任意一段核酸序列上独立地随机抽取序列片段。抽取自某一基因(或转录本)的片段数目服从负二项分布。基于该数学模型,使用 Cufflinks 软件的 cuffquant 和 cuffnorm 组件,通过 mapped read 在基因上的位置信息,对转录本和基因的表达水平进行定量。

抽取自一个转录本的片段数目与测序数据(或 mapped data)量、转录本长度、转录本表达水平都有关,为了让片段数目能真实地反映转录本表达水平,需要对样品中的 mapped read 的数目和转录本长度进行归一化。cuffquant 和 cuffnorm 采用 FPKM 作为衡量转录本或基因表达水平的指标,FPKM 计算公式如下:

$$FPKM = \frac{cDNA\ Fragments}{Mapped\ Fragments \times Transcript\ Length}$$

公式中，cDNA Fragments 表示比对到某一转录本上的片段数目，即双端 read 数目；Mapped Fragments 表示比对到转录本上的片段总数，以 10^6 为单位；Transcript Length 表示转录本长度，以 10^3 个碱基为单位。

(7)转录组测序样品间相关性分析

研究表明，基因的表达在不同的个体间存在生物学可变性，不同的基因之间表达的可变程度存在差异，而 RNA - Seq、qPCR 以及生物芯片等技术都不能消除这种可变性。为了寻找真正感兴趣的差异表达基因，需要考虑和处理生物学可变性造成的表达差异。目前最常用且最有效的方法是在试验设计中设立生物学重复。重复条件限制越严格，重复样品数目越多，寻找到的差异表达基因越可靠。对于设立生物学重复的项目，评估生物学重复的相关性对于分析 RNA - Seq 数据非常重要。生物学重复的相关性不仅可以检验生物学实验操作的可重复性，还可以评估差异表达基因的可靠性和辅助异常样品的筛查。将皮尔逊相关系数 R 作为生物学重复相关性的评估指标。R^2 越接近1，说明两个重复样品相关性越强。

(8)差异表达基因分析

基因表达具有时间和空间特异性，在两个不同条件下，表达水平存在显著差异的基因或转录本，称为差异表达基因或差异表达转录本(DET)。差异表达分析得到的基因集合叫作差异表达基因集，根据两(组)样品之间表达水平的相对高低，差异表达基因可以划分为上调表达基因和下调表达基因。对于有生物学重复的样本，DESeq 适用于进行样品组间的差异表达分析，获得两个生物学条件之间的差异表达基因集，在差异表达基因检测过程中，将 $FC \geqslant 2$ 且 $FDR < 0.01$ 作为筛选标准。FC 是差异倍数，表示两样品(组)间表达量的比值。FDR(错误发现率)是通过对差异显著性 p 值进行校正得到的。由于转录组测序的差异表达分析是对大量的基因表达值进行独立的统计假设检验，会存在假阳性问题，因此在进行差异表达分析过程中，采用了公认的 Benjamini - Hochberg 校正方法对原有假设检验得到的差异显著性 p 值进行校正，并最终采用 FDR 作为差异表达基因筛选的关键指标。

在抗感材料与番茄叶霉菌亲和互作与非亲和互作过程中，为了明确各组之间差异表达基因的比较,用韦恩图来比较差异表达基因数目,同时可以做差异表达基因的聚类分析。

(9)差异表达基因的功能注释及代谢途径的分析

将所得的差异表达基因比对到 KEGG 数据库和 GO 数据库中。GO 富集分析采用 GOSeq 软件。KEGG 富集分析采用 KOBAS 2.0。同时采用 MapMan 软件对代谢和调控途径进行可视化分析。同时为了能够直观地验证差异表达基因的功能,采用蛋白质互作数据库进行差异表达基因的蛋白网络互作分析。

5.1.2.5　差异表达基因的 qRT - PCR 验证

为了验证 RNA - Seq 结果的可靠性,选择植物与病原菌互作相关的信号通路中的关键基因进行 qRT - PCR 验证。为了能更精准地找到与保护酶、激素、植物抗病相关的基因,我们在相关通路中按如下标准选择:(1)参与植物与病原菌互作通路、植物激素信号传导途径及抗氧化酶防御信号传导途径的基因。(2)抗感材料接种前后表达量差异较大的基因。(3)包括转录因子的基因。qRT - PCR 验证选择的基因见表 5 - 3,引物见表 5 - 4。

表 5 – 3　qRT – PCR 验证选择的基因

基因 ID	注释 A	FC			
		Cf – 0	MM – 0	Cf – 16	MM – 16
*Solyc*01*g*098410.2	plant – pathogen interaction, Lyk13	3.4	4.15	6.97	8.45
*Solyc*02*g*068820.1	plant – pathogen interaction, LRR receptor – like serine/threonine protein	5.14	3.21	17.21	16.96
*Solyc*02*g*086970.2	ascorbate and aldarate metabolism	36.89	19.33	10.79	12.39
*Solyc*02*g*086980.2	plant – pathogen interaction, unkown	13.08	8.78	2.12	2.92
*Solyc*03*g*005360.1	plant hormone signal transduction, AUX/IAA	3.41	1.18	0.73	1.1
*Solyc*03*g*095180.2	peroxisome, SOD	51.05	53.71	21.26	20.13
*Solyc*03*g*120500.2	plant hormone signal transduction, IAA	7.2	8.58	15.54	12.19
*Solyc*04*g*081910.2	plant – pathogen interaction, C – D protein	13.43	18.06	5.01	5.83
*Solyc*05*g*008370.1	pentose phosphate pathway	154.84	150.5	42.96	48.51
*Solyc*05*g*052050.1	plant – pathogen interaction, Pti4 DNA – binding protein	16.36	19.98	40.69	65.1
*Solyc*06*g*053710.2	plant hormone signal transduction, ETR4	0.86	1.27	2.86	2.84
*Solyc*06*g*066370.2	plant – pathogen interaction, WRKY	33.07	25.08	84.57	91.48
*Solyc*06*g*075550.2	plant – pathogen interaction, S/T – protein kinase	3.1	1.93	8.36	9.84
*Solyc*07*g*047790.2	plant – pathogen interaction, heat-shock protein90 – 6	62.57	50.13	24.58	29
*Solyc*09*g*006010.2	plant – pathogen interaction, PR – 1	10.9	12.91	69.88	53.34

续表

基因 ID	注释 A	FC			
		Cf − 0	MM − 0	Cf − 16	MM − 16
Solyc09g008670.2	glycine, serine and threonine metabolism	314.87	52.19	110.73	248.55
Solyc10g011660.2	plant hormone signal transduction, JAR1 − like	14.94	11.91	35.88	49.99
Solyc12g094620.1	peroxisome, CAT	743.07	921.07	2 408.11	3 149.66

表 5 − 4　qRT − PCR 的引物

基因 ID	上游引物	下游引物
Solyc01g098410.2	GTGGTGGCTCTTATGGCACT	TGAGGAGGCCCTAACACCTT
Solyc02g068820.1	TGGCCATACATCTTTGTCTACTGT	AGGTGCAAACAGGACTGGAAG
Solyc02g086970.2	ATGCAGCCTCAGACATTTCCT	TGCAGGGTCTGAACATGGTG
Solyc02g086980.2	TCTTCCCCCATTTGTCGTGG	CTGACTGCGCAGGTTCCATT
Solyc03g005360.1	ATGGATATTGCAGAATGTTCATGT	CCCAAGCCTCTTGCTTCTGA
Solyc03g095180.2	CACTGGGGGAAGCATCACAG	GTCCTCCTCCACCAGGTTTC
Solyc03g120500.2	GCTCAGAGGCAATTGGGCTA	CTCTCCCTTTCAGGGGATGC
Solyc04g081910.2	AGCGCAAGTATGGGAAGGAG	TAAGCCACGGATGTTGGAGG
Solyc05g008370.1	GGAGAGGAGGGTCATTGCTT	GGCTCTTCATCTCCACCTCC
Solyc05g052050.1	GCGGAGATTAGAGATCCGGC	CATTCAAACCGATCCGGTGC
Solyc06g053710.2	GATCAGGTTGCTGTGGCTCT	CCTTGCTTGACTCGCCCTAA
Solyc06g066370.2	CGACGACTGGGAGTTTTCCA	GCTGTCCCTACTTGAGGCTG
Solyc06g075550.2	TGGTTGTTGTGCTGAGGGAG	AACATGGGTCTTGTCCCCAC
Solyc07g047790.2	GGTGAACTGTTCCCACGCTA	TGGAGCAATACGCTTGTGGT
Solyc09g006010.2	ACGGGTGGTGGTTCATTTGT	AGGAGACGATTTTTAACCACACA
Solyc09g008670.2	ACAGCTCCGGTGGAAAATGT	AACTCCGAGCCTATCCGAGA
Solyc10g011660.2	ACGTGAGCTCCAGGAAAGTG	CCGACCACGACCACATGTTA
Solyc12g094620.1	TTGCCCTCGAGGTTTGATCC	GAAGCGACCTTCTGACCACA
actin_EFα1	CCACCAATCTTGTACACATCC	AGACCACCAAGTACTACTGCAC

qRT - PCR 的反应体系如下：

qPCR SYBR Green Master Mix	10.0 μL
上游引物(10 μmol/L)	0.4 μL
下游引物(10 μmol/L)	0.4 μL
cDNA	2.0 μL
RNase - Free Water	7.2 μL
总计	20.0 μL

qRT - PCR 反应参数：

预变性	95 ℃	7 min	
反应	95 ℃	10 s	
	58 ℃	30 s	40 个循环
	72 ℃	20 s	
融解曲线	95 ℃	10 s	
	60 ℃ +0.5 ℃	10 s	71 个循环
	95 ℃	10 s	

5.2　结果与分析

5.2.1　RNA - Seq 的数据质量评估

为了明确番茄与番茄叶霉菌亲和互作与非亲和互作之间差异表达基因的不同,对抗感材料接种前后进行转录组分析。4 组样本,每个 3 次重复,共 12 份 RNA 样品所构建的文库在 Illumina HiSeq 高通量测序平台上进行双末端测序。测序所得的 raw read 的原始数据组成如图 5 - 3,经过测序质量控制,共得到 88.71 Gb clean data,各样品 clean data 均达到 6.03 Gb,各样品 Q30 碱基百分比均不小于 91.05%(表 5 - 5)。这 12 份样品具有良好的数据结果,完全符合后续转录组数据分析的要求。随后将所得的 12 份转录组样品的原始数据上传至 NCBI BioProject Accession：PRJNA371367。

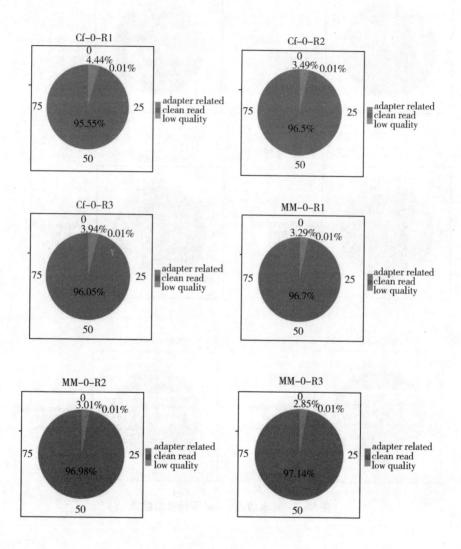

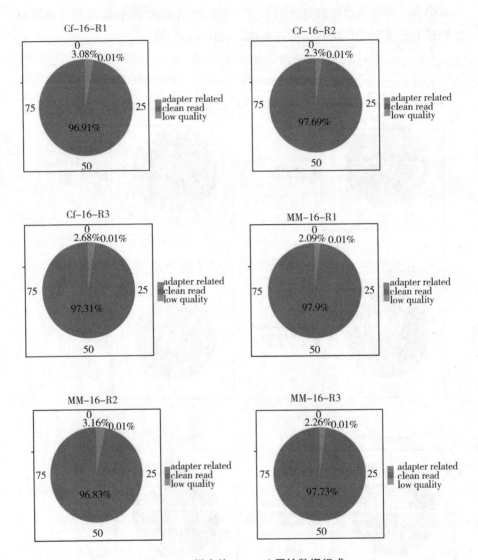

图 5 - 3　样本的 raw read 原始数据组成

表 5 – 5　转录组测序样本的原始数据质量

样品	clean read	clean base/Gb	GC 比/%	Q30/%
Cf – 0 – R1	20 287 982	6.03	43.83	91.65
Cf – 0 – R2	32 774 356	9.75	43.46	91.22
Cf – 0 – R3	28 879 482	8.59	43.52	91.23
MM – 0 – R1	25 396 823	7.55	43.53	91.49
MM – 0 – R2	21 302 726	6.34	43.53	91.10
MM – 0 – R3	22 537 646	6.72	43.66	91.05
Cf – 16 – R1	24 424 054	7.26	43.27	91.48
Cf – 16 – R2	22 513 144	6.70	43.49	91.11
Cf – 16 – R3	25 591 176	7.62	43.44	91.76
MM – 16 – R1	26 495 877	7.89	43.39	91.07
MM – 16 – R2	24 732 041	7.34	43.42	91.47
MM – 16 – R3	23 202 740	6.92	43.37	91.21

5.2.2　RNA – Seq 数据与参考基因组比对的结果

（1）比对效率指 mapped read 占 clean read 的百分比,是转录组数据利用率的最直接体现。比对效率除了受数据测序质量影响外,还与指定的参考基因组组装的优劣、参考基因组与测序样品的生物学分类关系远近(亚种)有关。通过比对效率,可以评估所选参考基因组组装是否能满足信息分析的需求。从比对结果统计来看,12 份样品的总 read 在 40 575 964 ~ 65 548 712 条之间,mapped read 在 33 581 508 ~ 53 717 941 条之间,各样品的 read 与参考基因组的比对效率在 81.95% ~ 85.23% 之间,见表 5 – 6。

表 5-6 RNA-Seq 数据与参考基因组比对

样品	总 read	mapped read（比对效率）	单一位点（比对效率）	多位点（比对效率）	比对到正链（比对效率）	比对到负链（比对效率）
Cf-0-R1	40 575 964	33 581 508（82.76%）	33 285 616（82.03%）	295 892（0.73%）	16 732 435（41.24%）	16 757 609（41.30%）
Cf-0-R2	65 548 712	53 717 941（81.95%）	53 290 281（81.30%）	427 660（0.65%）	26 759 542（40.82%）	26 811 977（40.90%）
Cf-0-R3	57 758 964	48 313 450（83.65%）	47 929 610（82.98%）	383 840（0.66%）	24 073 871（41.68%）	24 110 617（41.74%）
MM-0-R1	50 793 646	42 442 883（83.56%）	42 100 175（82.88%）	342 708（0.67%）	21 135 635（41.61%）	21 177 108（41.69%）
MM-0-R2	42 605 452	35 487 046（83.29%）	35 211 190（82.64%）	275 856（0.65%）	17 659 166（41.45%）	17 710 730（41.57%）
MM-0-R3	45 075 292	37 468 721（83.12%）	37 161 408（82.44%）	307 313（0.68%）	18 647 169（41.37%）	18 702 484（41.49%）
Cf-16-R1	48 848 108	40 479 394（82.87%）	40 067 978（82.03%）	411 416（0.84%）	20 115 392（41.18%）	20 155 741（41.26%）
Cf-16-R2	45 026 288	37 775 781（83.90%）	37 416 579（83.10%）	359 202（0.80%）	18 777 283（41.70%）	18 815 593（41.79%）

续表

样品	总 read	mapped read (比对效率)	单一位点 (比对效率)	多位点 (比对效率)	比对到正链 (比对效率)	比对到负链 (比对效率)
Cf – 16 – R3	51 182 352	43 624 848 (85.23%)	43 157 803 (84.32%)	467 045 (0.91%)	21 661 284 (42.32%)	21 706 053 (42.41%)
MM – 16 – R1	52 991 754	44 280 485 (83.56%)	43 861 631 (82.77%)	418 854 (0.79%)	22 018 084 (41.55%)	22 054 975 (41.62%)
MM – 16 – R2	49 464 082	41 471 359 (83.84%)	41 036 126 (82.96%)	435 233 (0.88%)	20 593 759 (41.63%)	20 644 415 (41.74%)
MM – 16 – R3	46 405 480	39 106 609 (84.27%)	38 721 794 (83.44%)	384 815 (0.83%)	19 431 584 (41.87%)	19 468 654 (41.95%)
平均	49 689 675	41 479 168.75 (83.48%)	41 251 096.56 (83.02%)	228 072.19 (0.46%)	20 633 767 (41.53%)	20 587 787.50 (41.43%)

（2）比对到染色体上的结果：将比对到不同染色体上的 read 进行位置分布统计，绘制 mapped read 在所选参考基因组上的覆盖深度分布图（图 5-4）。图中的横坐标为染色体位置，纵坐标为以 2 为底的覆盖深度对数值，以 10 kb 作为区间单位长度，划分染色体成多个小窗口（window），统计落在各个窗口内的 mapped read 作为其覆盖深度。这些样品在染色体上分布相对均匀，这 12 份材料比对到染色体上的密度分布还有一个共性：1 号染色体上的分布密度较其他染色体高。

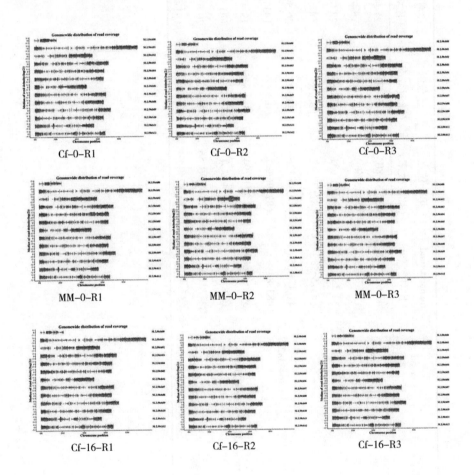

Cf-0-R1	Cf-0-R2	Cf-0-R3
MM-0-R1	MM-0-R2	MM-0-R3
Cf-16-R1	Cf-16-R2	Cf-16-R3

图 5 - 4 read 在参考基因组各染色体上的密度分布

5.2.3 转录组数据之间重复相关性的分析

通过对接种番茄叶霉菌前后的抗感材料内含有的全部基因的 FPKM 定量分析,对同一组内的 3 个重复进行重复相关性分析。$0.8 < R^2 \leqslant 1$,我们认为样本内的基因表达量的均一化程度较高,而当 $R^2 < 0.8$ 时,我们则认为重复性稍差。12 份样品的相关性分析如图 5 - 5,尽管有几个样品间的 $R^2 < 0.8$,但是对结果影响较小。根据图 5 - 5,可看出抗感材料的重复相关性受病原菌侵染的影响较大。

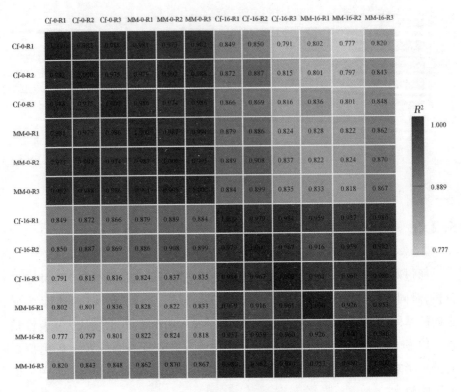

图 5-5　样品间皮尔逊相关性分析

5.2.4　差异表达基因的数目分析

　　为了筛选出抗病材料和感病材料在接种番茄叶霉菌后与抗性相关的基因,对 4 组转录组数据进行 DESeq 的标准化分析,找到与抗病通路有关的差异表达基因。在筛选中,采用基于负二项分布的分析法,同时根据 $p < 0.05$ 的标准作为组间筛选的阈值。各组之间筛选后的差异表达结果如图 5-6 所示。同一品种接种前后的差异表达基因无论是上调表达还是下调表达都较不同品种之间的多。而抗病材料接种后 16 天(Cf-16-R1)与感病材料接种后 16 天(MM-16-R1)比较出的差异表达基因,很大程度上都富集到抗病通路中。

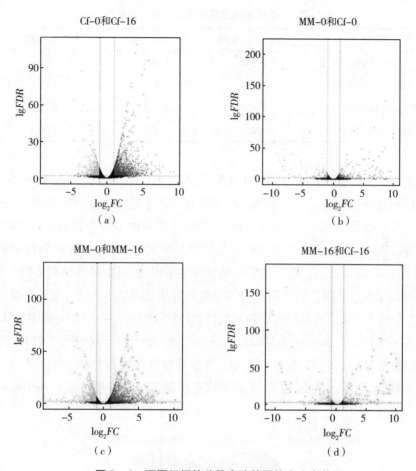

图 5-6　不同组间的差异表达基因的火山点状图

由表 5-7 可知,4 组样品两两比较(Cf-0 和 Cf-16,MM-0 和 Cf-0,MM-0 和 MM-16,MM-16 和 Cf-16),各组中的差异表达基因数目分别为2 242、329、1 823、285。这其中值得我们注意的是抗病材料接种前后(Cf-0和 Cf-16)这组中的差异表达基因最多,而感病材料接种前后(MM-0 和MM-16)的差异表达基因数目相对较少,这很有可能和抗病材料 Ontario 792含有的番茄抗叶霉病基因 *Cf*-10 有关。同时,抗感材料接种前后比较的两组(Cf-0和 Cf-16,MM-0 和 MM-16)的差异表达基因中,上调表达基因的数目远多于下调表达基因,上调表达基因的数目约为下调表达基因的 2 倍。

表 5 – 7　4 组样品间差异表达基因数目的比较

对比	差异表达基因	上调表达基因	下调表达基因
Cf – 0 和 Cf – 16	2 242	1 501	741
MM – 0 和 Cf – 0	329	142	187
MM – 0 和 MM – 16	1 823	1 214	609
MM – 16 和 Cf – 16	285	147	138

为了更直观地比较 4 组间的共性和不同,我们将结果做成韦恩图(图 5 – 7)。抗病材料接种前后(Cf – 0 和 Cf – 16)有 943 个独特的差异表达基因;感病材料接种前后(MM – 0 和 MM – 16)有 594 个独特的差异表达基因;抗感材料接种前(MM – 0 和 Cf – 0)有 88 个独特的差异表达基因;抗感材料接种后(MM – 16 和 Cf – 16)有 62 个独特的差异表达基因;所以 4 组间共有 1 687 个独特的差异表达基因。而 4 组之间共有的差异表达基因为 6 个,这 6 个基因中有 1 个基因是在此次转录组中新发现的,另外 5 个分别为 *Solyc*11*g*010910. 1、*Solyc*09*g*018010. 2、*Solyc*06*g*084820. 1、*Solyc*09*g*057960. 1、*Solyc*09*g*014740. 2。抗病材料接种前后(Cf – 0 和 Cf – 16)与抗感材料接种后(MM – 16 和 Cf – 16),只有 76 个基因重叠,这 76 个基因极有可能揭示着番茄抗感材料中抗病应答机制的不同。

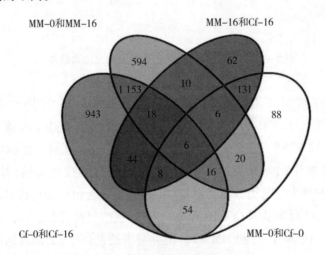

图 5 – 7　不同组间比较的韦恩图

5.2.5 差异表达基因的 GO 分析

GO 数据库主要可以将基因划分为三类,第一类为细胞组分相关(cellular component),第二类为分子功能相关(molecular function),第三类则是生物过程相关(biological process)。为了找到抗病材料与感病材料与番茄叶霉菌互作过程的异同,我们通过 GO 数据库对差异表达基因进行功能分析(图5-8)。抗病材料接种前后(Cf-0 和 Cf-16)比较,在生物过程相关的分类中,比较突出的是代谢过程(metabolic process)、光合作用(photosynthesis)等。在细胞组分相关的分类中富集比较多的为细胞壁(cell wall)、叶绿体类囊体膜(chloroplast thylakoid membrane)和质外体(apoplast)。在分子功能相关的分类中排在前 3 名的为氧化还原酶活性(oxidoreductase activity)、水解酶活性(hydrolase activity)、特异性序列 DNA 结合转录因子活性(sequene-specific DNA-binding transcription factor activity)。抗病材料与感病材料接种后(MM-16 和 Cf-16),在生物过程相关的分类中,比较突出的仍然是代谢过程(metabolic process),而在细胞组分相关的分类中叶绿体(chloroplast)、核(nucleus)与线粒体(mitochondrion)这 3 种比较显著,但是分子功能相关的分类中没有特别突出的富集。

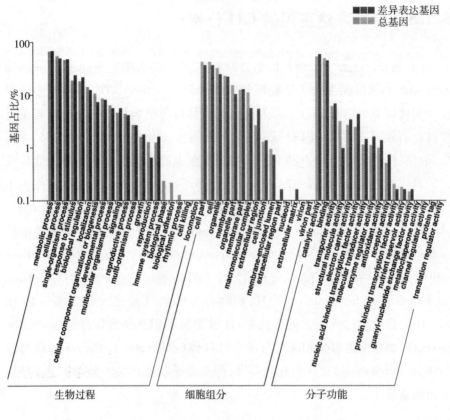

（a）Cf-0和Cf-16

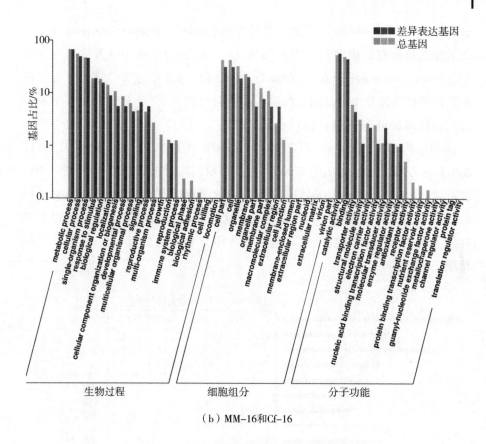

（b）MM-16和Cf-16

图5-8 组间差异表达基因的GO分析

5.2.6 差异表达基因的 KEGG 通路分析

分析差异表达基因在某一通路上是否发生显著差异即为差异表达基因的通路富集分析。KEGG 通路分析以 KEGG 数据库中通路为单位,应用超几何检验,找出与整个基因组背景相比在差异表达基因中显著性富集的通路。抗病材料接种前后(Cf-0 和 Cf-16)的 KEGG 通路分析与抗病、感病材料接种后(MM-16 和 Cf-16)的 KEGG 通路比较见图5-9。在富集最显著的20个通路中,在抗病材料接种前后(Cf-0 和 Cf-16)主要富集的通路有植物激素信号传导途径(plant hormone signal transduction)、苯丙素类生物合成(phenylpropanoid biosynthesis)、植物病原菌互作(plant – pathogen interaction)。相似的是在抗病材料接种后(MM – 16 和 Cf – 16)比较中植物激素信号传导途径(plant hormone signal transduction)也在 KEGG 通路中显著性富集。在植物激素信号传导途径中的基因在两组内的数目分别为 59 个和 8 个。其中 8 个基因在抗病材料与感病材料接种后(MM – 16 和 Cf – 16)有重叠,6 个基因(*Solyc*02*g*071220. 2、*Solyc*07*g*042170. 2、*Solyc*08*g*021820. 2、*Solyc*08*g*079150. 1、*Solyc*10*g*079460. 1、*Solyc*10*g*079700. 1)在抗病材料接种前后(Cf – 0 和 Cf – 16)有重叠,而 2 个(*Solyc*09*g*064530. 2,*Solyc*10*g*079600. 1)为抗病材料和感病材料接种后(MM – 16 和 Cf – 16)特有的。这些在植物激素信号传导过程中出现的关键基因在番茄抗叶霉病基因*Cf* – 10介导的抗病反应中起着重要的作用。

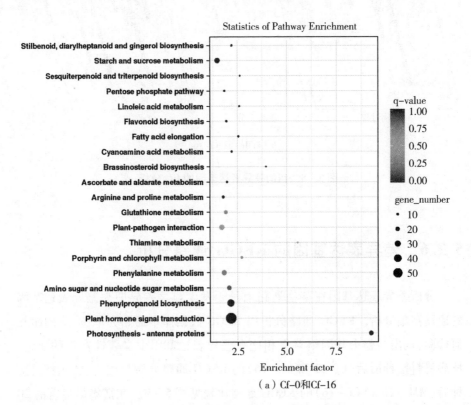

（a）Cf–0和Cf–16

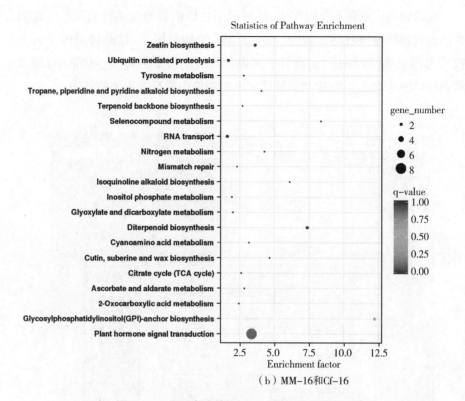

（b）MM-16和Cf-16

图 5 - 9　差异表达基因 KEGG 通路的富集散点图
注：Enrichment factor 指富集到的差异表达基因数目与该通路中背景基因的比值，
其越大表示差异表达基因越显著。

5.2.7　差异表达基因的代谢与调控途径分析

我们用 MapMan 工具对抗病材料接种前后（Cf - 0 和 Cf - 16）的调控途径中的差异表达基因进行分析（图 5 - 10）。抗病材料 Ontario 792 接种前后有很多差异表达基因上调表达，同时这些基因大多涉及转录因子（TF），而上调表达基因里包括类受体激酶和 MAP 激酶等。在番茄抗叶霉病基因 *Cf* - 10 介导的抗病通路里，大多数和植物激素信号传导有关的激素，例如 IAA、ABA、乙烯、水杨酸、茉莉酸等，都可以在图 5 - 10（a）中有直观的分类。这些激素在抗病基因参与的与激素有关的抗病通路中起着重要的作用。

　　在植物与病原菌互作过程中,转录因子也扮演着非常重要的角色。我们在抗病材料接种前后的比较中,找到了 192 个转录因子,这些转录因子属于 42 个基因家族(表 5 – 8)。而其中高表达的转录因子例如 *Solyc*05*g*007110.2 和 *Solyc*09*g*065660.2,在生物胁迫及非生物胁迫中都有着重要的作用。

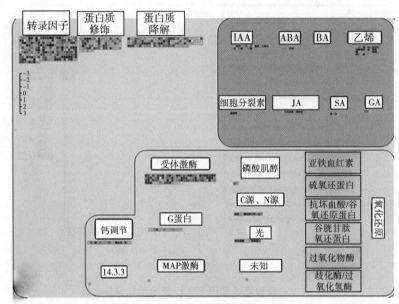

（a）生物胁迫

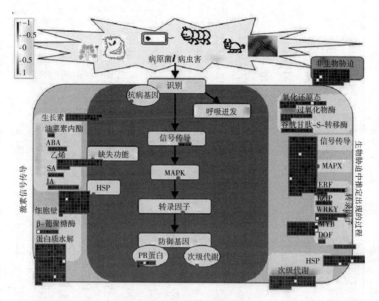

（b）抗病品种接种后的差异表达

图 5 – 10　MapMan 分析的差异表达基因的调控

表 5 - 8 差异表达基因的转录因子分析

基因编号	Cf-0-R1	Cf-0-R2	Cf-0-R3	Cf-16-R1	Cf-16-R2	Cf-16-R3	家族
Solyc00g099580.1	0.632 162 929	0.889 430 086	0.954 626 151	2.322 115 073	2.388 710 239	2.147 464 152	HB-other
Solyc02g077590.1	2.071 06	2.201 84	5.360 16	18.013 4	13.586	17.850 4	HB-other
Solyc01g006930.2	1.934 457 171	2.370 331 226	2.181 027 98	8.386 224 513	9.652 396 08	8.546 523 568	NF-YA
Solyc02g069860.2	7.713 136 15	6.703 930 618	5.953 024 991	15.874 217	13.228 927 51	15.773 28	NF-YA
Solyc08g062210.2	8.898 722 77	6.971 692	6.554 861 18	17.236 69	19.848 59	19.124 82	NF-YA
Solyc01g007070.2	8.449 048 62	9.229 052 18	14.274 952	22.470 346 78	18.785 644	26.275 738	HB-BELL
Solyc06g074120.2	16.269	15.272 1	16.575	47.325 2	52.751 5	48.888 5	HB-BELL
Solyc09g011380.2	2.983 01	2.443 86	3.897 18	10.335 4	8.165 53	11.573 1	HB-BELL
Solyc01g007800.2	0.691 112	0.800 401	0.646 935	4.371 89	4.903 09	3.034 73	OFP
Solyc01g007810.1	2.772 6	5.461 77	5.756 71	31.098 7	29.832 8	29.474 2	OFP
Solyc01g065540.2	2.611 02	4.230 61	4.068 03	8.436 96	11.180 62	11.813 38	GARP-ARR-B
Solyc05g014260.2	6.679 200 235	5.683 288 073	8.832 897	26.274 55	34.891 706	41.687 971 68	GARP-ARR-B
Solyc01g079260.2	1.868 651 594	2.401 942 595	2.473 258 78	5.090 359 137	5.377 634 626	5.026 154	WRKY
Solyc01g079360.2	9.928 390 684	8.267 747 869	8.420 951	15.014 515	15.926 563	21.089 191 05	WRKY
Solyc01g095630.2	41.113 8	46.368 38	81.216 7	130.221	108.039	130.191 5	WRKY
Solyc02g032950.2	3.173 979	1.977 596	5.994 32	15.672 47	13.601 37	20.781 6	WRKY
Solyc02g093050.2	7.274 83	6.584 17	13.071 3	19.218 4	17.399 7	25.996 2	WRKY

续表

基因编号	Cf-0-R1	Cf-0-R2	Cf-0-R3	Cf-16-R1	Cf-16-R2	Cf-16-R3	家族
Solyc03g095770.2	22.290 87	18.482 9	16.950 47	44.769 51	31.303 54	65.135 57	WRKY
Solyc05g007110.2	0	0	0	0.818 568	0.460 175	1.345 84	WRKY
Solyc05g012500.2	3.672 394 83	2.667 874	2.279 082 032	5.768 834	6.745 804 7	5.501 423	WRKY
Solyc06g066370.2	24.525 442 36	24.197 971 55	50.471 925 34	78.843 216 98	78.873 270 45	95.981 852 37	WRKY
Solyc06g070990.2	0.115 078 669	0	0.025 294 393	0.618 425	0.167 592 522	0.819 15	WRKY
Solyc07g047960.2	1.132 038 658	1.230 875 343	1.440 299 062	2.572 520 238	2.991 950 3	2.574 135 538	WRKY
Solyc08g008280.2	2.710 765	8.494 172	17.712 28	21.354 89	22.010 74	26.562 08	WRKY
Solyc08g067340.2	1.351 92	0.608 447	2.410 92	13.569 4	5.069 93	20.010 9	WRKY
Solyc09g014990.2	2.341 193 081	4.656 497	12.599 22	30.146 477	25.772 33	35.805 77	WRKY
Solyc09g015770.2	22.751 3	22.793 1	25.672 3	85.687 3	69.826 5	108.613	WRKY
Solyc12g011200.1	0	0.144 567 034	0.115 5	1.937 315	1.783 986	2.344 804	WRKY
Solyc12g096350.1	0.337 456	0.635 991	1.190 68	3.471 25	3.325 77	4.686 46	WRKY
Solyc01g086870.2	25.492	21.783 9	25.293 9	52.169 2	51.906 4	64.112 9	bHLH
Solyc01g102300.2	1.507 218 61	1.463 316 2	1.308 828 837	3.415 046 476	4.852 045 119	4.552 746 486	bHLH
Solyc03g095980.2	0.885 145	0.796 284	1.643 22	8.449 94	9.210 34	8.866 6	bHLH
Solyc03g115540.1	1.989 382	1.788 584 879	1.509 776 69	15.011 995	16.090 335 92	18.853 479 45	bHLH
Solyc05g007210.2	2.863	4.669 03	2.787 55	16.708 5	14.348 1	13.894 8	bHLH

续表

基因编号	Cf-0-R1	Cf-0-R2	Cf-0-R3	Cf-16-R1	Cf-16-R2	Cf-16-R3	家族
Solyc05g053660.1	4.747	5.137 004 44	3.110 031 939	10.508 514	11.076 198	16.011 551 35	bHLH
Solyc06g008030.2	7.826 573	6.903 997 232	8.780 087 809	23.812 429	32.428 065 6	36.186 350 53	bHLH
Solyc07g043580.2	28.462 992	24.937 02	33.032 86	57.387 49	59.700 94	63.394 63	bHLH
Solyc08g005050.2	22.736 3	20.657 4	22.796 1	8.326 09	9.097	9.142 19	bHLH
Solyc09g063010.2	7.745 382 896	7.762 697 097	8.415 020 522	16.445 803 6	16.794 554 9	15.571 726 8	bHLH
Solyc09g098110.2	12.308 91	12.216 03	11.019 483 56	29.986 907 45	24.412 854	30.355 252 04	bHLH
Solyc10g008270.2	5.735 683	8.098 75	7.747 01	35.048 03	27.282 33	44.537 24	bHLH
Solyc10g009290.1	2.380 85	2.900 4	4.252 14	6.437 29	7.421 13	7.130 11	bHLH
Solyc01g091630.2	23.246 867 49	24.986 140 58	21.682 018 15	53.179 615 04	53.859 847 11	58.061 144 22	HB-HD-ZIP
Solyc02g063520.2	2.051 883	2.422 257	2.855 93	7.304 03	7.121 79	8.917 36	HB-HD-ZIP
Solyc03g098200.2	0.945 335	0.975 706	1.501 26	3.084 69	3.118 31	2.632 75	HB-HD-ZIP
Solyc04g005800.2	14.866 8	13.073 4	15.532 9	33.921	34.846 8	33.273 7	HB-HD-ZIP
Solyc04g074700.2	23.243 4	16.397 1	17.123	7.905 44	10.127 3	8.242 76	HB-HD-ZIP
Solyc06g060830.2	15.473 9	12.974 6	7.927 93	26.336 8	32.016 8	31.450 3	HB-HD-ZIP
Solyc10g005330.2	12.342 753 28	12.983 04	14.802 581 5	29.714 617 27	30.871 833	26.821 233 83	HB-HD-ZIP
Solyc01g095030.2	2.232 323 002	1.856 531 196	4.258 493	11.870 213	14.625 611	17.163 960 33	MYB-related
Solyc01g096700.2	56.312 315 38	63.897 22	66.227 283 92	135.058 984 8	153.431 317 8	155.287 548 4	MYB-related

续表

基因编号	Cf-0-R1	Cf-0-R2	Cf-0-R3	Cf-16-R1	Cf-16-R2	Cf-16-R3	家族
Solyc02g078810.2	0.360 454	0.387 752 4	0.383 246 977	1.388 504 424	1.348 357 213	1.056 762 871	MYB – related
Solyc03g098320.2	0.166 818 25	0.385 166	0.243 835 029	3.575 12	5.536 087	4.433 16	MYB – related
Solyc03g113620.2	45.948 1	47.904 9	44.162 4	91.647 2	89.332 7	102.471	MYB – related
Solyc06g005310.2	8.514 224	4.708 636	11.028 68	0.559 103 47	0.986 683 517	0.870 223	MYB – related
Solyc06g071230.2	36.896 093 61	32.053 716 01	33.530 442 18	81.369 438	80.648 478	87.749 773 03	MYB – related
Solyc09g007990.2	8.153 430 215	8.281 306 87	8.075 556 087	15.808 296 74	16.591 311 41	16.480 29	MYB – related
Solyc10g005080.2	1.460 764 596	1.153 603 66	0.808 100 36	2.953 302	2.347 224	2.043 879 378	MYB – related
Solyc10g084370.1	0	0.164 696 191	0.163 512 315	3.160 379 072	4.185 645 333	3.528 712 351	MYB – related
Solyc11g069850.1	0.158 462	0.616 879	0.237 798	0.389 766 8	0.951 964	0.747 22	MYB – related
Solyc01g102340.2	0.271 372	3.700 139	1.797 463	3.616 87	4.719 7	3.777 37	MYB
Solyc02g087960.2	1.028 511 825			16.204 09	14.072 86	12.165 33	MYB
Solyc02g092930.1	152.507 8	89.193 1	141.704 6	37.063 7	40.388 1	43.938 8	MYB
Solyc03g116100.2	1.794 8	2.998 89	2.889 62	7.481 81	7.293 91	9.445 66	MYB
Solyc04g005600.1	2.491 3	2.237	0.522 315	0.069 546 1	0	0	MYB
Solyc04g079360.1	5.689 84	5.336 78	8.320 15	1.616 61	1.713 25	1.325 51	MYB
Solyc05g009230.1	0.631 961	0.162 962 8	0.375 367	4.485 91	2.596 386	4.020 01	MYB
Solyc05g048830.2	0.424 682	0.870 568	0.621 594	3.922 26	4.282 24	5.209 58	MYB

续表

基因编号	Cf-0-R1	Cf-0-R2	Cf-0-R3	Cf-16-R1	Cf-16-R2	Cf-16-R3	家族
Solyc05g052610.2	1.915 194 763	1.501 968	3.752 68	7.381 32	7.950 02	9.444 86	MYB
Solyc05g053330.2	0.309 01	0.146 302	0.402 039	3.068 82	3.250 24	2.649 85	MYB
Solyc06g005330.2	10.237 03	11.314 97	13.072 71	4.492 044 01	3.548 916	4.835 142	MYB
Solyc06g065100.2	3.805 429 426	6.009 854 741	5.237 852 46	11.443 187	13.368 3	13.399 26	MYB
Solyc06g069850.2	0.539 964	0.941 641	0.936 412	6.370 18	6.922 18	7.328 54	MYB
Solyc09g008250.2	2.289 71	0.964 603	3.045 81	13.663	10.706 6	16.070 5	MYB
Solyc10g086270.1	5.229 26	3.363 35	2.093 81	0	0.692 199	0	MYB
Solyc11g073120.1	3.672 055 15	2.753 460 886	5.911 169 082	20.623 959 63	25.027 511 93	28.830 045 13	C2H2
Solyc01g099340.2	1.579 346	1.630 396	3.411 37	6.159 415	6.245 144	7.119 181 599	C2H2
Solyc02g085580.2	4.046 81	4.779 66	4.771 817	21.734 63	19.213 16	21.525 49	C2H2
Solyc03g113910.2	1.664 453 497	3.441 052 28	3.693 706 807	7.790 395 542	15.181 769 08	9.792 365 273	C2H2
Solyc03g121660.2	42.439 514	31.490 92	39.266 112 64	14.675 421 75	14.001 029 83	17.444 555 57	C2H2
Solyc04g080130.2	2.785 47	3.406 027	5.528 12	9.265 54	8.978 01	9.321 7	C2H2
Solyc04g081370.2	10.443 3	10.601 3	8.849 83	19.543 9	19.152 7	20.872 4	C2H2
Solyc05g054030.2	4.159 98	5.331 36	5.316 63	9.558 19	10.685 95	9.258 24	C2H2
Solyc06g076820.1	13.090 4	12.593 6	15.930 5	31.299 9	43.307 8	37.359 8	C2H2
Solyc09g007550.2	1.353 358 07	1.603 082	1.896 000 6	4.426 934	4.462 92	4.457 051	C2H2

续表

基因编号	Cf-0-R1	Cf-0-R2	Cf-0-R3	Cf-16-R1	Cf-16-R2	Cf-16-R3	家族
Solyc12g088390.1	1.421 5	1.034 55	0.694 635	26.099 9	18.270 2	42.704	C2H2
Solyc01g100200.2	10.526	8.113 07	18.990 6	37.951 5	30.252 3	37.384 6	GRAS
Solyc06g036170.1	2.566 69	2.794 22	5.411 78	7.891 13	8.343 6	10.249	GRAS
Solyc07g052960.1	4.000 17	2.963 42	1.296 94	0.461 633	0.347 574	0.452 509	GRAS
Solyc10g086380.1	2.135 15	0.581 991	2.518 04	5.148 37	4.156 76	6.270 14	GRAS
Solyc01g104650.2	2.887 811	2.932 912	3.433 787	6.222 324 88	6.390 057	7.870 307	bZIP
Solyc01g108080.2	4.097 964	3.397 94	6.001 555 733	9.617 91	9.709 42	14.287 496	bZIP
Solyc01g109880.2	91.556	70.737 6	74.590 6	33.145 3	22.497 8	33.292 4	bZIP
Solyc02g092090.1	0.530 322	1.177 34	0.343 461	2.237 28	3.799 07	4.204 27	bZIP
Solyc04g080740.1	42.421 3	37.097 3	36.083 8	15.442 4	10.181 5	17.67	bZIP
Solyc05g009660.2	2.134 536 44	3.009 629 331	3.856 144 724	9.137 83	10.003 502 66	8.661 781 381	bZIP
Solyc06g049040.2	2.485 673	3.227 19	4.277 379	9.968 68	10.564 27	10.206 29	bZIP
Solyc01g104900.2	0.626 572 288	0.392 835 131	2.145 546	4.913 205 145	6.058 172	6.933 541 99	NAC
Solyc02g069960.2	0	0	0.524 261	2.302 33	0.864 404	2.128 68	NAC
Solyc04g072220.2	11.284 266	10.279 452 87	15.123 76	25.867 991	24.057 654 77	28.748 68	NAC
Solyc05g007770.2	2.136 491 018	1.167 576 248	2.370 395	19.440 56	17.406 16	30.161 51	NAC
Solyc07g045030.2	0.117 890 889	0.036 968 9	0.735 809 381	1.745 399	1.330 359	2.466 939	NAC

续表

基因编号	Cf – 0 – R1	Cf – 0 – R2	Cf – 0 – R3	Cf – 16 – R1	Cf – 16 – R2	Cf – 16 – R3	家族
Solyc08g077110.2	3.227 06	1.704 36	2.912 24	0.730 998	0.578 209	0.966 427	NAC
Solyc09g010160.1	0.594 997 014	0.346 746 351	0.828 024	3.844 189	1.358 551	3.785 566	NAC
Solyc11g017470.1	9.260 39	6.241 47	13.956 82	23.798 1	22.439 19	30.751 95	NAC
Solyc01g105800.2	13.848 717 88	18.331 06	16.739 454 93	38.642 08	36.704 98	38.136 92	MADS – MIKC
Solyc03g006830.2	7.387 211 736	6.159 73	5.204 453 304	14.874 7	11.842 2	13.455 5	MADS – MIKC
Solyc06g069430.2	25.234 76	19.695 13	20.497 31	8.177 198 47	7.713 514 279	13.912 178	MADS – MIKC
Solyc08g080100.2	9.971 953 7	10.275 610 44	7.454 737 883	24.168 038	25.410 245	30.245 983 49	MADS – MIKC
Solyc12g056460.1	1.457 63	0.742 098 46	0.876 362 49	5.585 75	5.367 25	5.373 851 55	MADS – MIKC
Solyc01g106040.2	3.679 390 01	3.546 069 4	3.031 602 5	1.074 738 124	0.773 597 276	1.195 996 5	C2C2 – GATA
Solyc03g120890.2	1.961 8	3.266 11	2.839 99	6.560 26	8.784 57	5.448 91	C2C2 – GATA
Solyc04g015360.2	26.600 595 5	24.128 608 4	23.384 323	4.568 250 726	5.890 038 227	4.821 932 407	C2C2 – GATA
Solyc12g008830.1	35.370 7	49.894 5	28.436 8	18.110 9	18.314 4	14.725 5	C2C2 – GATA
Solyc12g099370.1	18.119 5	20.676	20.063 5	12.369 2	7.693 52	6.592 27	C2C2 – GATA
Solyc01g106230.2	0.212 371	0.428 89	0.398 201	0.655 251	0.776	0.674 076	B3
Solyc02g065350.2	8.579 96	9.173 94	6.984 88	1.957 475	2.328 021	1.683 851	B3
Solyc08g029090.2	2.792 378	2.213 163 987	2.437 587	5.395 191	7.000 363 945	6.822 145	B3
Solyc10g083210.1	3.628 160 5	4.803 771 558	4.293 370 365	11.308 152 83	11.516 300 32	13.736 790 26	B3

续表

基因编号	Cf-0-R1	Cf-0-R2	Cf-0-R3	Cf-16-R1	Cf-16-R2	Cf-16-R3	家族
Solyc02g037530.2	4.796 176 3	4.822 463 524	5.650 583 627	11.404 265 75	14.875 551 04	10.876 763 2	B3-ARF
Solyc03g031970.2	15.765 85	17.843 57	20.039 79	32.702 4	39.651 4	35.097 1	B3-ARF
Solyc07g016180.2	7.817 669 662	7.781 353 802	12.656 678 59	21.904 964 42	19.762 830 57	16.130 003 42	B3-ARF
Solyc07g042260.2	6.861 82	8.609 77	8.923 38	23.818 6	23.279 1	24.201 3	B3-ARF
Solyc08g082630.2	0.492 299 744	0.413 602 066	0.717 991 262	2.127 944 4	1.481 081	1.481 988 759	B3-ARF
Solyc01g107190.2	28.765 1	24.430 9	33.701 1	311.012	279.554	291.423	LOB
Solyc02g092550.2	25.084	27.168 6	28.760 3	109.484	99.509 2	103.071	LOB
Solyc06g050430.2	4.815 27	4.679 78	5.539 68	0.992 52	2.237 41	1.705 63	LOB
Solyc02g083750.1	49.719 3	45.006 8	39.196 8	20.733	22.172 5	23.565 4	GeBP
Solyc02g089540.2	1.637 32	1.499 02	1.390 62	4.061 42	4.363 63	4.055 39	C2C2-CO-like
Solyc03g119540.2	18.862 7	18.256 5	15.867 3	92.469 4	102.39	105.465	C2C2-CO-like
Solyc04g007210.2	19.947 2	25.295 4	18.860 1	74.872	64.647 1	68.480 5	C2C2-CO-like
Solyc07g006630.2	80.868 950 33	91.959 38	79.891 29	266.633 88	270.109 11	275.277 59	C2C2-CO-like
Solyc07g045180.2	24.687 312 68	24.681 556	21.901 291 96	2.974 356 86	2.558 039 14	1.741 339 581	C2C2-CO-like
Solyc08g006530.2	33.279 3	26.992 8	35.165 8	78.865 1	78.117 6	74.872 5	C2C2-CO-like
Solyc12g096500.1	105.865	93.853 1	97.422 2	284.263	276.991	304.454	C2C2-CO-like
Solyc02g094290.1	6.634 694	6.783 759	4.019 834 019	23.580 341 77	28.547 945 4	31.883 171 37	TCP

续表

基因编号	Cf-0-R1	Cf-0-R2	Cf-0-R3	Cf-16-R1	Cf-16-R2	Cf-16-R3	家族
Solyc03g116320.2	2.623 47	3.261 919	2.118 595	10.260 85	8.611 81	9.056 35	TCP
Solyc08g080150.1	27.031 9	28.123 8	29.063 5	10.574 8	11.099 2	11.232 5	TCP
Solyc11g020670.1	8.893 69	9.892 01	13.524 6	39.390 4	28.921	41.115 2	TCP
Solyc03g026280.2	85.965 3	44.333 2	109.131	6.396 7	9.187 73	6.797 57	AP2/ERF-ERF
Solyc03g093540.1	131.615 1	108.461 7	158.914 3	55.098 82	46.061 01	64.119	AP2/ERF-ERF
Solyc03g093610.1	25.436 4	26.616 1	28.914 9	12.347 1	6.285 79	13.194 9	AP2/ERF-ERF
Solyc03g124110.1	33.439 5	15.044 3	51.792 4	1.891 79	2.963 79	1.549 12	AP2/ERF-ERF
Solyc04g014530.1	3.099 23	1.382 27	1.709 53	27.704 3	25.489 6	39.942 1	AP2/ERF-ERF
Solyc05g051200.1	0.787 626	0.612 897	3.600 86	19.979 7	11.986 7	16.103 9	AP2/ERF-ERF
Solyc05g052030.1	53.873 38	41.472 8	39.814 2	116.620 7	113.486 6	134.208 9	AP2/ERF-ERF
Solyc05g052050.1	17.326 8	16.324 1	15.424 1	46.697 5	27.075 4	48.294 5	AP2/ERF-ERF
Solyc06g035700.1	6.691 18	7.533 51	12.142 8	0.589 766	3.331 19	2.293 93	AP2/ERF-ERF
Solyc06g082590.1	4.030 43	5.266 62	11.637 3	15.725 9	15.316 2	19.874 2	AP2/ERF-ERF
Solyc08g066660.1	1.253 402	0.932 933	0.552 965	4.534 49	4.327 13	3.627 502	AP2/ERF-ERF
Solyc08g082210.2	3.556 24	3.930 82	4.792 93	9.118 33	7.408 04	8.365 45	AP2/ERF-ERF
Solyc09g089930.1	0.452 835	0.072 130 1	1.993 5	7.109 02	4.480 51	8.183 04	AP2/ERF-ERF
Solyc10g006130.1	106.038	78.427 8	134.699	50.533 1	37.600 9	36.353 8	AP2/ERF-ERF

续表

基因编号	Cf-0-R1	Cf-0-R2	Cf-0-R3	Cf-16-R1	Cf-16-R2	Cf-16-R3	家族
Solyc12g008350.1	8.067 38	12.042 5	9.857 78	2.569 05	3.657 32	1.481 19	AP2/ERF-ERF
Solyc12g009240.1	54.643 2	25.377 8	89.307 5	9.068 56	4.462 53	2.588 02	AP2/ERF-ERF
Solyc12g056590.1	0	0	0.078 735 4	1.429 487	0.547 972	1.680 408	AP2/ERF-ERF
Solyc12g056980.1	5.055 16	10.107 7	7.052 21	28.452 9	43.922	29.979 4	AP2/ERF-ERF
Solyc04g007000.1	0.064 512 5	0.079 979 4	0.382 162	5.548 89	4.950 48	5.890 27	AP2/ERF-RAV
Solyc06g068570.2	0.354 297 832	0.147 144 034	0.386 511 284	4.222 219 905	5.189 646 39	4.560 589 206	AP2/ERF-AP2
Solyc06g075510.2	16.396 843	18.217 400 76	16.390 939 81	3.902 702 941	4.409 003	4.213 685 311	AP2/ERF-AP2
Solyc03g110860.2	26.549 1	31.783 1	30.766 8	80.815 3	101.139	102.509	NF-YC
Solyc05g015330.1	13.644 4	23.360 6	8.104 48	2.333 39	3.650 46	2.017 16	NF-YC
Solyc04g064470.1	1.497 513 5	2.279 485 606	0	0	0	0	SBP
Solyc05g015840.2	1.842 314 7	3.447 331 27	4.113 319 656	5.843 410 289	7.385 413 02	6.748 557 266	SBP
Solyc07g053810.2	20.925 7	18.051 24	18.612 28	1.911 877	2.877 688	2.634 244	SBP
Solyc04g074990.2	15.235 75	17.096 364	11.424 773	7.179 116	6.031 63	5.968 882 578	zf-HD
Solyc09g089550.2	1.806 098 078	1.587 190 552	1.996 854 982	3.592 345 256	3.778 205 581	3.715 834 298	zf-HD
Solyc04g078650.2	16.831 3	12.846 9	13.523 2	5.820 48	7.260 54	7.187 47	HB-WOX
Solyc05g007890.2	8.326 894 049	6.757 390 009	8.989 721 261	2.672 103 062	2.464 523 393	2.535 728	GARP-G2-like
Solyc05g009720.2	2.760 82	2.643 95	2.840 62	30.841 9	29.958 9	25.832 9	GARP-G2-like

续表

基因编号	Cf-0-R1	Cf-0-R2	Cf-0-R3	Cf-16-R1	Cf-16-R2	Cf-16-R3	家族
Solyc06g005680.2	24.638 1	23.189 4	20.113 1	0.971 035	1.325 52	0.684 374	GARP-G2-like
Solyc06g062520.1	11.040 1	15.180 6	11.980 6	31.111 8	32.007 1	46.408 5	C2C2-Dof
Solyc06g069760.2	8.020 08	7.441 65	8.085 57	49.478 7	56.331 8	55.133 7	C2C2-Dof
Solyc06g073920.2	11.564 4	12.804 5	14.501 4	27.257 8	27.184 7	27.032 9	C2C2-YABBY
Solyc07g008180.2	21.351 444 26	25.805 010 24	33.394 255 12	57.345 089 85	58.631 947 91	56.705 222 86	C2C2-YABBY
Solyc06g082010.2	12.368 709 35	11.150 01	21.956 97	42.446 62	34.180 41	50.801 6	C3H
Solyc06g008660.1	0.996 366	0.591 685	1.181 03	2.948 05	3.409 01	5.857 58	C3H
Solyc06g084120.2	2.051 368 209	1.956 097	1.409 065 959	0.551 865 243	0.597 473 278	0.379 355 607	Tify
Solyc07g042170.2	69.928 9	71.953 3	101.756	28.444 5	26.538 9	37.276 3	Tify
Solyc11g011030.1	20.560 363 22	24.055 57	13.782 928	43.426 32	29.177 29	44.970 62	Tify
Solyc12g049400.1	1.718 585 259	2.233 756 986	3.249 030 593	13.288 809 31	10.509 010 89	16.532 254 37	Tify
Solyc08g076860.2	30.031 4	28.131 2	41.209 5	63.086 4	66.356 1	104.681	PLATZ
Solyc07g007220.2	56.355 6	44.723 2	52.608 9	22.750 4	19.936 4	24.159 98	DBP
Solyc07g062260.2	56.516 48	58.253 75	49.017 88	24.910 73	23.166 4	24.271 99	BES1
Solyc08g013900.2	4.198 315	4.037 88	4.896 76	11.348 15	10.479 63	11.490 19	RWP-RK
Solyc08g041820.2	31.378 88	40.345 29	45.938 45	78.178 94	94.382 262 27	97.513 69	HB-KNOX
Solyc08g075950.1	0.912 464	1.484 260 3	0.682 562 153	2.465 763 949	3.449 201	2.084 486 914	GRF

续表

基因编号	Cf-0-R1	Cf-0-R2	Cf-0-R3	Cf-16-R1	Cf-16-R2	Cf-16-R3	家族
Solyc08g083230.1	0.238 898 152	0.559 237	0.737 892	2.907 19	1.433 74	2.241 718	GRF
Solyc07g055710.2	1.092 18	0.371 805	2.040 61	12.121 6	7.829 86	12.859 6	HSF
Solyc09g065660.2	0	0	0	1.145 090 126	0.863 964 75	1.953 920 615	HSF
Solyc09g082670.2	12.888 608 35	14.784 25	10.583 370 11	3.544 066 2	2.369 986 985	2.464 107	HSF
Solyc12g089240.1	1.385 777 741	2.739 814	7.943 73	17.526 98	15.284 5	18.908 85	DBB

5.2.8　差异表达基因的 qRT – PCR 验证

对表 5 – 2 筛选的和抗病功能相关的 18 个基因进行 qRT – PCR 验证。如图 5 – 11 所示,根据转录组数据和 qRT – PCR 数据进行相关性分析,验证 RNA – Seq 数据的准确性,可以看出这些数据具有较高的关联性。对其中 12 个差异表达基因作图(图 5 – 12),更直观地呈现出在抗病材料 Ontario 792 中 5 个上调表达、7 个下调表达,这和转录组数据一致。而在感病材料 Money Maker中,4 个基因 *Solyc*01*g*098410. 2、*Solyc*06*g*066370. 2、*Solyc*02*g*086980. 2 和 *Solyc*12*g*094620. 1 的表达量与抗病材料中相反。*Solyc*01*g*098410. 2 编码 LYK3(关键的共生受体),*Solyc*06*g*066370. 2 编码转录因子 WRKY。而基因 *Solyc*12*g*094620. 1 预测可以编码 CAT 合成通路中的一个酶。这个结果和第 2 章中 CAT 含量的变化吻合。

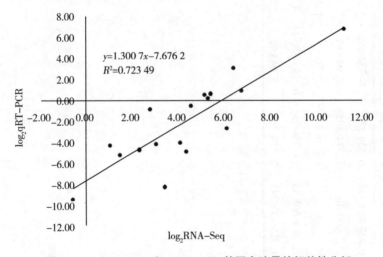

图 5 – 11　RNA – Seq 和 qRT – PCR 基因表达量的相关性分析

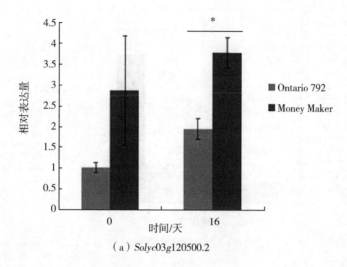

（a）*Solyc*03g120500.2

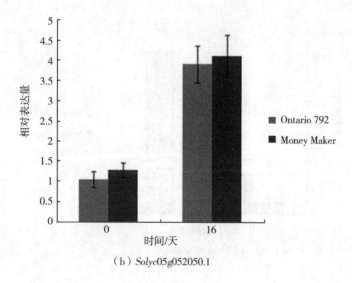

（b）*Solyc*05g052050.1

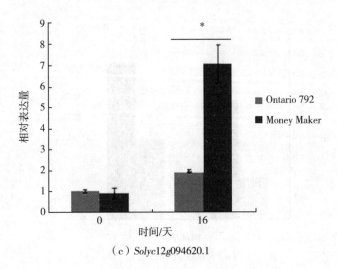

（c）*Solyc*12g094620.1

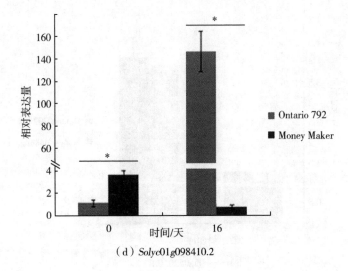

（d）*Solyc*01g098410.2

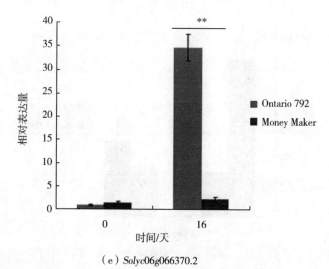

（e）*Solyc06g066370.2*

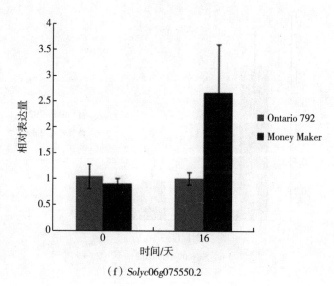

（f）*Solyc06g075550.2*

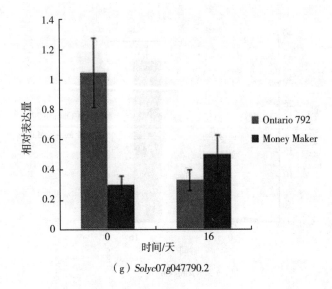

（g）*Solyc07g047790.2*

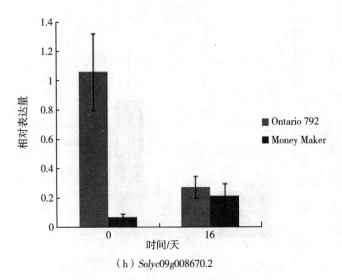

（h）*Solyc09g008670.2*

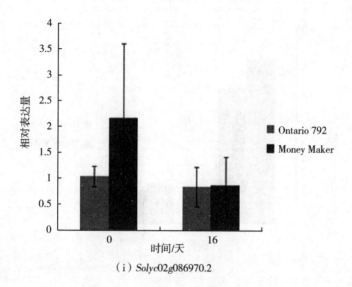

（i）*Solyc02g086970.2*

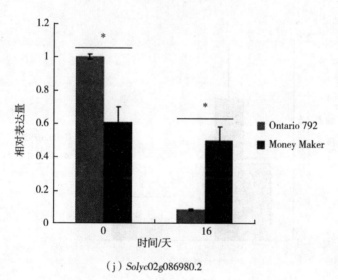

（j）*Solyc02g086980.2*

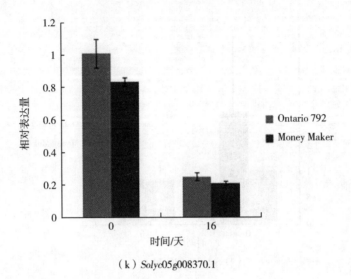

（k）*Solyc*05g008370.1

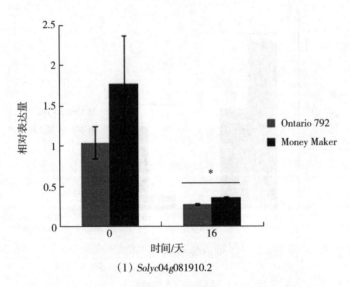

（l）*Solyc*04g081910.2

图 5-12　12 个基因接种前和接种后 16 天表达量的分析

5.3 讨论

虽然番茄与番茄叶霉菌互作的相关研究很多,而且 $Cf-4$ 与 $Avr4$、$Cf-9$ 与 $Avr9$ 是病原菌和植物研究的模式,但目前对 $Cf-10$ 基因的了解还非常少,采用 RNA-Seq 对 $Cf-10$ 调控的抗病反应进行研究还是很有必要的。植物与病原菌的互作机制是复杂的过程。之前对番茄与番茄叶霉菌转录组的研究较少,Zhao 等人运用 cDNA-AFLP 技术对番茄抗叶霉病基因 $Cf-19$ 进行了分析。Xue 等人虽然也通过 RNA-Seq 方法对番茄抗叶霉病基因 $Cf-12$ 的抗病机制进行研究,但是其主要针对抗病材料与病原菌之间的转录组分析,而没有针对感病材料进行比较。本书首次采用 Ontario 792 为抗病材料,研究 $Cf-10$ 基因调控的番茄抗叶霉病反应机制。此研究中,我们找到了 506 个新的转录本和 10 035 个结构优化的基因。$Cf-12$ 的非亲和互作中 86.12% 的结构优化基因和非亲和互作中重叠。在抗病材料接种前后(Cf-0 和 Cf-16)的比对中一共得到 2 242 个差异表达基因,其中 1 193 个基因和 $Cf-12$ 的非亲和互作接种前与接种后 4 天的结果一致。qRT-PCR 验证了 18 个差异表达基因,4 个基因($Solyc01g098410.2$、$Solyc02g086980.2$、$Solyc05g052050.1$、$Solyc06g066370.2$)在抗病材料 Ontario 792 中是特异性的,同时这 4 个基因是植物与病原菌互作通路中的,包括编码 Lyk3 的基因和编码 WRKY 转录因子的基因等,这说明 $Cf-10$ 调控的抗病反应和 $Cf-12$ 调控的抗病反应存在差异。GO 分析和 KEGG 分析说明大多数差异表达基因和抗病相关,例如植物与病原菌互作通路、植物激素信号传导通路、苯丙素类的生物合成等,这与 $Cf-12$ 和 $Cf-19$ 的研究结果一致。虽然同样是番茄抗叶霉病基因,但是 3 个基因 $Cf-10$、$Cf-12$、$Cf-19$ 还是有不同之处的,应该对这 3 个基因调控的抗病反应做更细致的研究。

转录组的网络调控在植物免疫的过程中起着重要的作用,病原菌入侵宿主体内后可以参与大范围转录后调控。转录因子是一种蛋白质,它能够控制遗传信息从 DNA 到 mRNA 的速度,同时能够直接参与生命周期内细胞的分裂和死亡。在 $Cf-10$ 调控的抗病反应过程中,转录因子也起到了重要的作用。在抗病材料接种前后比较中,大多数差异表达基因上调表达,这其中也有很多类受体激酶,类受体激酶是植物重要的防御反应参与者之一,它对激素的信号传导和抗病信号通路的传导都起到了重要作用。在 18 个挑选做 qRT - PCR 验证的基因中,4 个基因是在抗病材料 Ontario 792 中所特有的,这 4 个基因同时注释到植物与病原菌互作的通路中,它们参与编码 WRKY 转录因子、Lyk3 和 DNA 结合蛋白,这个结果和 Mbengue 等人研究结果一致。Lyk3 是一种赖氨酸调控的类受体激酶,它是植物与病原菌互作中出现的差异表达基因的"明星"转录因子。Jornot 等人在 2006 年时提出转录因子 WRKY11 和 WRKY17 在丁香假单胞菌与番茄的互作中呈现负调控。结合本章的转录组数据和第 2 章的数据,在 qRT - PCR 验证的 18 个基因中,有 4 个编码转录因子和类受体激酶或者蛋白原,这 4 个基因在番茄抗叶霉病基因 *Cf* - 10 与番茄叶霉菌的调控互作中起到了重要作用。Xue 发现有 35 个 MYB 家族的转录因子在番茄叶霉菌与番茄抗病基因 *Cf* - 12 中起上调作用。我们应该合理利用已经测序得到的转录组结果,对其中涉及的"明星"转录因子进行更深层次的挖掘。

植物防御反应机制是一个生物胁迫下的多重的、复杂的信号网络交叉调控。水杨酸和茉莉酸的信号传导通路是在植物与病原菌的防御反应中非常重要的。在 *Cf* - 10 调控的抗病通路中,水杨酸、茉莉酸、乙烯和 ABA 都发挥着重要的调控作用。尤其是水杨酸的信号传导过程在抗病材料 Ontario 792 中下调表达,而在感病材料 Money Maker 中上调表达,这在前人的研究中也到了证实。在番茄抗叶霉病基因 *Cf* - 12 调控的反应中,有 5 个基因参与水杨酸信号传导途径,有 1 个基因参与茉莉酸信号传导途径,14 个基因参与乙烯的信号传导途径。水杨酸信号传导途径通常是植物对活体营养型的病原菌或者是半活体营养型的病原菌的防御反应通路,而茉莉酸信号传导途径包括对死体营养型的病原菌的防御反应通路。在 *Cf* - 10 调控的抗病反应中,比较有趣的结果是茉莉酸的含量在第 9 天急剧增加,这是因为 *Cf* - 10 信号传导通路比较独特,茉莉酸的上调表达,激活了抗病基因与感病基因的下游防御反应。由此我们推测,水杨酸和茉莉酸是 *Cf* - 10 基因调控的抗病反应过程中新级联反应重要的环节。另外,在下一步的研究中,可以对水杨酸和茉莉酸信号传导途径的交叉环节做更深入的了解。

除了激素,植物体内的保护酶系也是植物受到生物胁迫时的一种保护机制。保护酶系主要包括 CAT、SOD、POD，同时也包括在过敏性反应早期的活性氧迸发。细胞壁的防御主要通过胼胝质的积累、细胞毒素的产生，同时也能激活一些病程相关蛋白。在本书中，尽管在接种后 16 天时，抗病材料 Ontario 792 中过敏性反应的范围有所扩大，但是并没有观察到菌丝的大量繁殖。然而在感病材料中，很容易观察到菌丝的生长与繁殖。活性氧在侵染后急剧增加，但是在侵染 5~21 天内保持相对稳定的水平。在抗病材料中 SOD 活性增加，而后维持在一个稳定水平，在病原菌侵染后期形成了一个 SOD 合成与消耗的动态平衡。番茄叶霉菌侵染番茄后活性氧的含量及 SOD、POD、CAT 活性都发生了变化，这说明了保护酶系抑制抗病基因 $Cf-10$ 介导的反应中菌丝的生长。在病原菌入侵后保护酶的变化得到了转录组数据中 GO 通路和 KEGG 通路的验证，接种后氧化还原过程这个通路很突出，同时该通路中涉及 CAT 的合成酶在 RNA - Seq 和 qRT - PCR 中都得到了验证，在接种后 $Solyc12g094620.1$ 基因表达上调。因此我们猜想 $Cf-10$ 基因调控的抗病应答机制是一个氧化还原反应和激素交叉调控的抗病机制。

　　当然转录组数据的结果可能会受到其采样时间点的限制，染色观察发现过敏性反应在第 9 天时可以清晰观察到，但是 RNA - Seq 的分析选择在第 16 天。基因表达量的变化应该在过敏性反应前发生，然而我们在过敏性反应发生后的样品中也检测到了大量和过敏性反应有关的差异表达基因。转录组数据的非亲和互作的结果和 $Cf-12$ 调控的非亲和互作（在接种后 4 天、8 天）的结果大部分都一致。我们可以推测，因为番茄与番茄叶霉菌的互作周期较长，而且受接种条件的影响较大，抗病基因调控的防御反应是一个持续的过程，而时间点的选择稍微晚些也并不影响差异基因的表达，反而为转录组采样的时间点提供了一个新的参考。

　　植物在进化过程中通过和病原菌的协同作用形成了独特的抗病机制。植物中普遍存在的抗病机制可以划分为过敏性反应和系统获得性抗性。在番茄与番茄叶霉菌互作过程中，抗病基因与病原菌中的无毒基因互作时也会激活这两种抗病机制。从抗病反应信息流的观点来看，如果信号传导是链条式的，抗病基因编码的产物是第一层次的激发信号，抗病机制则是由这些抗病基因编码产物组成的链条。番茄叶霉菌与番茄反应后，基因相互识别，首先被激活的是位于细胞膜上的氧化酶，在氧化酶的催化作用下，产生活性氧等中间产物,形成氧化胁迫,从而影响细胞内保护酶的含量变化,同时和水杨酸信号传导途径交叉反应,这在 RNA – Seq 的结果和第 2 章的结果中可以发现。在 RNA – Seq 的结果中,还有一点值得注意,差异表达基因比对到染色体上时,虽然差异表达基因在 12 条染色体上相对分布均匀,但是可以看到 1 号染色体上的差异表达基因较其他染色体上多,这是否和 1 号染色体上的番茄抗叶霉病基因成簇出现相关,也值得我们考虑。

6　结语

6.1　结论

（1）Cf-10 基因的遗传规律符合孟德尔单基因显性的遗传规律，含有该抗病基因的番茄材料对大部分生理小种表现出抗病。

（2）首次将 Cf-10 基因初步定位在 1 号染色体断臂的 3.29 Mb 区域内，有 16 个候选基因，分别为 $Solyc01g005720.3$、$Solyc01g005715.1$、$Solyc01g005865.1$、$Solyc01g005760.3$、$Solyc01g005710.2$、$Solyc01g007130.3$、$Solyc01g008140.3$、$Solyc01g005730.3$、$Solyc01g008390.2$、$Solyc01g006545.1$、$Solyc01g008410.2$、$Solyc01g006550.3$、$Solyc01g005775.1$、$Solyc01g005870.2$、$Solyc01g005755.1$、$Solyc01g008800.2$。在候选区域内存在 SNP 非同义突变 204 个、Indel 移码突变 23 个。

（3）利用 KASP 标记将候选区域缩小为 790 kb，该区域内的候选基因为 1 个 $Solyc01g007130$。

（4）对抗病材料 Ontario 792 与感病材料 Money Maker 接种番茄叶霉菌生理小种 1.2.3.4 前后分别进行 RNA-Seq，在 Cf-10 介导的抗病反应过程中，共有 2 242 个差异表达基因，其中 1 501 个基因上调表达、741 个基因下调表达。

6.2 创新点

番茄叶霉病的研究过程中,对番茄抗叶霉病基因的挖掘与抗病应答机制的研究不仅是基础研究,同时也为番茄抗叶霉病育种提供了很好的资源,本试验的创新点主要有如下几个方面:

(1)本试验在运用 BSA 方法筛选抗感池后,对父母本及抗感池进行重测序关联分析,初步定位 *Cf*-10 基因的候选区域,随后将 KASP 技术应用到精细定位的研究上,结果快速、高效且准确。

(2)本试验对番茄抗叶霉病基因 *Cf*-10 与番茄叶霉菌的亲和互作与非亲和互作进行转录组水平的比较分析,着重分析非亲和互作过程涉及的代谢通路与相关基因。

(3)在番茄与番茄叶霉菌互作的转录组分析过程中,探索了结合组织染色、生理指标测定的方式确定转录组分析的采样时间点。将番茄抗叶霉病基因 *Cf*-10 与番茄叶霉菌生理小种 1.2.3.4 非亲和互作的采样时间点确定在接种后第 16 天,能提高 RNA-Seq 的差异性分析效果。

6.3 不足之处

(1)如果时间充分,构建重组自交系进行定位试验,则结果会更准确。

(2)番茄叶霉菌生理小种分化快,田间一些抗病材料例如高糖 100 和春棚 1 号已经失去抗性,想鉴定出新的生理小种比较困难。

(3)转录组的采样时间点多一些,可以更加准确地比较抗病基因与感病基因的异同。

(4)对候选基因的分析可以更加充分,不仅可以进行候选基因的结果分析和表达模式验证,还可以进行下游的蛋白互作和转基因验证。

附　表

关联区间内 SNP 非同义突变位点

序号	染色体	位置	参考基因组	突变位点	R01	R02	R03	R04	密码子改变
1	1号	315 802	A	T	T	A	A	A	CTTCAT
2	1号	350 407	G	A	G	A	R	A	GCTACT

序号	基因 ID	Pfam 数据库注释	Swiss-Prot 数据库注释	NR 数据库注释
1	*Solyc01g005450.3*	F-box-like; F-box domain	F-box protein SKIP28 GN=T8O11.21 OS=*Arabidopsis thaliana*(mouse-ear cress) PE=1 SV=1	predicted: F-box protein SKIP28 [*Solanum lycopersicum*]
2	*Solyc01g005520.3*	—	protein low PS II accumulation 1, chloroplastic (precursor) GN=*LPA1* OS=*Arabidopsis thaliana*(mouse-ear cress) PE=1 SV=1	predicted: uncharacterized protein LOC101254513 [*Solanum lycopersicum*]

续表

序号	染色体	位置	参考基因组	突变位点	R01	R02	R03	R04	密码子改变
3	1号	416 984	A	C	C	A	A	A	AAGCAG
4	1号	456 163	T	A	T	A	W	W	AATATT
5	1号	482 700	T	C	T	C	C	C	ATTGTT

序号	基因 ID	Pfam 数据库注释	Swiss-Prot 数据库注释	NR 数据库注释
3	Solyc01g005590.2	—	—	—
4	Solyc01g005650.2	IBR domain	probable E3 ubiquitin-protein ligase ARI8 GN=*ARI8* OS=*Arabidopsis thaliana*(mouse-ear cress) PE=2 SV=1	predicted: probable E3 ubiquitin-protein ligase ARI8 [*Solanum lycopersicum*]
5	Solyc01g005700.3	MuDR family transposase; MULE transposase domain; SWIM zinc finger	—	predicted: uncharacterized protein LOC101246852 isoform X2 [*Solanum lycopersicum*]

续表

序号	染色体	位置	参考基因组	突变位点	R01	R02	R03	R04	密码子改变
6	1号	496 604	G	T	G	K	G	K	TGTTTT
7	1号	498 989	G	A	G	A	R	R	GGAGAA
8	1号	503 007	A	G	A	R	R	R	AATGAT

序号	基因 ID	Pfam 数据库注释	Swiss – Prot 数据库注释	NR 数据库注释
6	Solyc01g005755.1	leucine rich repeats(2 copies); leucine rich repeat; leucine rich repeat; leucine rich repeat N – terminal domain; leucine rich repeat; leucine rich repeat	receptor – like protein 12(precursor) GN = RLP12 OS = Arabidopsis thaliana (mouse – ear cress) PE = 2 SV = 2	predicted: receptor – like protein 12 [Solanum lycopersicum]
7	Solyc01g005755.1	leucine rich repeats(2 copies); leucine rich repeat; leucine rich repeat; leucine rich repeat N – terminal domain; leucine rich repeat	receptor – like protein 12(precursor) GN = RLP12 OS = Arabidopsis thaliana (mouse – ear cress) PE = 2 SV = 2	predicted: receptor – like protein 12 [Solanum lycopersicum]
8	Solyc01g005775.1	leucine rich repeats(2 copies); leucine rich repeat; leucine rich repeat; leucine rich repeat N – terminal domain; leucine rich repeat	receptor – like protein 12(precursor) GN = RLP12 OS = Arabidopsis thaliana (mouse – ear cress) PE = 2 SV = 2	predicted: receptor – like protein 12 [Solanum lycopersicum]

续表

序号	染色体	位置	参考基因组	突变位点	R01	R02	R03	R04	密码子改变
9	1号	503 113	C	G	C	S	S	S	ACAAGA
10	1号	503 158	G	A	G	R	R	R	AGCAAC
11	1号	503 194	G	A	G	R	R	R	CGACAA

序号	基因 ID	Pfam 数据库注释	Swiss-Prot 数据库注释	NR 数据库注释
9	Solyc01g005775.1	leucine rich repeats(2 copies); leucine rich repeat; leucine rich repeat; leucine rich repeat N-terminal domain; leucine rich repeat	receptor-like protein 12(precursor) GN = RLP12 OS = Arabidopsis thaliana(mouse-ear cress) PE = 2 SV = 2	predicted: receptor-like protein 12 [Solanum lycopersicum]
10	Solyc01g005775.1	leucine rich repeats(2 copies); leucine rich repeat; leucine rich repeat; leucine rich repeat N-terminal domain; leucine rich repeat	receptor-like protein 12(precursor) GN = RLP12 OS = Arabidopsis thaliana(mouse-ear cress) PE = 2 SV = 2	predicted: receptor-like protein 12 [Solanum lycopersicum]
11	Solyc01g005775.1	leucine rich repeats(2 copies); leucine rich repeat; leucine rich repeat; leucine rich repeat N-terminal domain; leucine rich repeat	receptor-like protein 12(precursor) GN = RLP12 OS = Arabidopsis thaliana(mouse-ear cress) PE = 2 SV = 2	predicted: receptor-like protein 12 [Solanum lycopersicum]

续表

序号	染色体	位置	参考基因组	突变位点	R01	R02	R03	R04	密码子改变
12	1号	503 221	C	G	C	S	S	S	ACAAGA
13	1号	503 272	T	A	T	W	W	W	TTCTAC
14	1号	503 361	G	A	G	R	R	R	GCGACG

序号	基因 ID	Pfam 数据库注释	Swiss-Prot 数据库注释	NR 数据库注释
12	Solyc01g 005775.1	leucine rich repeats(2 copies); leucine rich repeat; leucine rich repeat; leucine rich repeat N-terminal domain; leucine rich repeat	receptor-like protein 12(precursor) GN = RLP12 OS = Arabidopsis thaliana(mouse-ear cress) PE = 2 SV = 2	predicted: receptor-like protein 12 [Solanum lycopersicum]
13	Solyc01g 005775.1	leucine rich repeats(2 copies); leucine rich repeat; leucine rich repeat; leucine rich repeat N-terminal domain; leucine rich repeat	receptor-like protein 12(precursor) GN = RLP12 OS = Arabidopsis thaliana(mouse-ear cress) PE = 2 SV = 2	predicted: receptor-like protein 12 [Solanum lycopersicum]
14	Solyc01g 005775.1	leucine rich repeats(2 copies); leucine rich repeat; leucine rich repeat; leucine rich repeat N-terminal domain; leucine rich repeat	receptor-like protein 12(precursor) GN = RLP12 OS = Arabidopsis thaliana(mouse-ear cress) PE = 2 SV = 2	predicted: receptor-like protein 12 [Solanum lycopersicum]

续表

序号	染色体	位置	参考基因组	突变位点	R01	R02	R03	R04	密码子改变
15	1号	503 537	A	T	A	W	W	W	CAACAT
16	1号	503 616	G	A	G	R	R	R	GGCAGC
17	1号	503 634	G	A	G	R	R	R	GTTATT

序号	基因 ID	Pfam 数据库注释	Swiss-Prot 数据库注释	NR 数据库注释
15	Solyc01g005775.1	leucine rich repeats(2 copies); leucine rich repeat; leucine rich repeat; leucine rich repeat N-terminal domain; leucine rich repeat	receptor-like protein 12(precursor) GN = RLP12 OS = Arabidopsis thaliana (mouse-ear cress) PE = 2 SV = 2	predicted: receptor-like protein 12 [Solanum lycopersicum]
16	Solyc01g005775.1	leucine rich repeats(2 copies); leucine rich repeat; leucine rich repeat; leucine rich repeat N-terminal domain; leucine rich repeat	receptor-like protein 12(precursor) GN = RLP12 OS = Arabidopsis thaliana (mouse-ear cress) PE = 2 SV = 2	predicted: receptor-like protein 12 [Solanum lycopersicum]
17	Solyc01g005775.1	leucine rich repeats(2 copies); leucine rich repeat; leucine rich repeat; leucine rich repeat N-terminal domain; leucine rich repeat	receptor-like protein 12(precursor) GN = RLP12 OS = Arabidopsis thaliana (mouse-ear cress) PE = 2 SV = 2	predicted: receptor-like protein 12 [Solanum lycopersicum]

续表

序号	染色体	位置	参考基因组	突变位点	R01	R02	R03	R04	密码子改变
18	1号	575 938	A	G	A	G	A	G	CATCCT
19	1号	581 914	T	C	T	C	T	C	AAAAGA
20	1号	583 037	T	C	C	T	T	T	AAGGAG

序号	基因 ID	Pfam 数据库注释	Swiss – Prot 数据库注释	NR 数据库注释
18	*Solyc01g005850.2*	—	—	predicted: extensin – 3 – like [*Solanum lycopersicum*]
19	*Solyc01g005870.2*	leucine rich repeat; leucine rich repeats (2 copies); leucine rich repeat; leucine rich repeat N – terminal domain; leucine rich repeat	receptor – like protein 12 (precursor) GN = RLP12 OS = *Arabidopsis thaliana* (mouse – ear cress) PE = 2 SV = 2	predicted: receptor – like protein 12 [*Solanum lycopersicum*]
20	*Solyc01g005870.2*	leucine rich repeat; leucine rich repeats (2 copies); leucine rich repeat; leucine rich repeat N – terminal domain; leucine rich repeat	receptor – like protein 12 (precursor) GN = RLP12 OS = *Arabidopsis thaliana* (mouse – ear cress) PE = 2 SV = 2	predicted: receptor – like protein 12 [*Solanum lycopersicum*]

续表

序号	染色体	位置	参考基因组	突变位点	R01	R02	R03	R04	密码子改变
21	1号	1 048 461	C	T	T	C	C	C	GGAAGA
22	1号	1 072 559	C	T	C	T	Y	T	GATAAT
23	1号	1 124 733	A	T	W	A	W	W	GATGAA

序号	基因 ID	Pfam 数据库注释	Swiss-Prot 数据库注释	NR 数据库注释
21	*Solyc01g* 006440.2	POT family	protein NRT1/PTR family 7.1 GN = *NPF7.1* OS = *Arabidopsis thaliana* (mouse – ear cress) PE = 2 SV = 1	predicted: protein NRT1/ PTR family 7.1 [*Solanum lycopersicum*]
22	*Solyc01g* 006470.1	bromodomain	—	predicted: uncharacterized protein LOC104238751 [*Nicotiana sylvestris*]
23	*Solyc01g* 006545.1	leucine rich repeat; leucine rich repeats (2 copies) ; leucine rich repeat; leucine rich repeat; leucine rich repeat N – terminal domain	receptor – like protein 12 (precursor) GN = *RLP*12 OS = *Arabidopsis thaliana* (mouse – ear cress) PE = 2 SV = 2	predicted: receptor – like protein 12 isoform X3 [*Solanum lycopersicum*]

续表

序号	染色体	位置	参考基因组	突变位点	R01	R02	R03	R04	密码子改变
24	1号	1 124 802	C	A	M	C	M	M	GAGGAT
25	1号	1 124 938	A	G	R	A	R	R	ATGACG
26	1号	1 125 079	T	G	K	T	K	K	AAAACA

序号	基因 ID	Pfam 数据库注释	Swiss-Prot 数据库注释	NR 数据库注释
24	Solyc01g 006545.1	leucine rich repeat; leucine rich repeats (2 copies); leucine rich repeat; leucine rich repeat; leucine rich repeat N-terminal domain	receptor-like protein 12(precursor) GN = RLP12 OS = Arabidopsis thaliana(mouse-ear cress) PE = 2 SV = 2	predicted: receptor-like protein 12 isoform X3 [Solanum lycopersicum]
25	Solyc01g 006545.1	leucine rich repeat; leucine rich repeats (2 copies); leucine rich repeat; leucine rich repeat; leucine rich repeat N-terminal domain	receptor-like protein 12(precursor) GN = RLP12 OS = Arabidopsis thaliana(mouse-ear cress) PE = 2 SV = 2	predicted: receptor-like protein 12 isoform X3 [Solanum lycopersicum]
26	Solyc01g 006545.1	leucine rich repeat; leucine rich repeats (2 copies); leucine rich repeat; leucine rich repeat; leucine rich repeat N-terminal domain	receptor-like protein 12(precursor) GN = RLP12 OS = Arabidopsis thaliana(mouse-ear cress) PE = 2 SV = 2	predicted: receptor-like protein 12 isoform X3 [Solanum lycopersicum]

续表

序号	染色体	位置	参考基因组	突变位点	R01	R02	R03	R04	密码子改变
27	1号	1 125 153	G	T	K	G	K	K	TTCTTA
28	1号	1 125 167	T	C	Y	T	Y	Y	ATTGTT
29	1号	1 125 222	C	A	M	C	M	M	TTGTTT

序号	基因 ID	Pfam 数据库注释	Swiss-Prot 数据库注释	NR 数据库注释
27	Solyc01g006545.1	leucine rich repeat; leucine rich repeats (2 copies); leucine rich repeat; leucine rich repeat; leucine rich repeat N-terminal domain	receptor-like protein 12(precursor) GN = RLP12 OS = Arabidopsis thaliana (mouse-ear cress) PE = 2 SV = 2	predicted: receptor-like protein 12 isoform X3 [Solanum lycopersicum]
28	Solyc01g006545.1	leucine rich repeat; leucine rich repeats (2 copies); leucine rich repeat; leucine rich repeat; leucine rich repeat N-terminal domain	receptor-like protein 12(precursor) GN = RLP12 OS = Arabidopsis thaliana (mouse-ear cress) PE = 2 SV = 2	predicted: receptor-like protein 12 isoform X3 [Solanum lycopersicum]
29	Solyc01g006545.1	leucine rich repeat; leucine rich repeats (2 copies); leucine rich repeat; leucine rich repeat; leucine rich repeat N-terminal domain	receptor-like protein 12(precursor) GN = RLP12 OS = Arabidopsis thaliana (mouse-ear cress) PE = 2 SV = 2	predicted: receptor-like protein 12 isoform X3 [Solanum lycopersicum]

续表

序号	染色体	位置	参考基因组	突变位点	R01	R02	R03	R04	密码子改变
30	1号	1 125 244	C	A	M	C	M	M	GGTGTT
31	1号	1 125 413	C	T	Y	C	Y	Y	GAAAAA
32	1号	1 125 419	G	T	K	G	K	K	CAGAAG

序号	基因 ID	Pfam 数据库注释	Swiss-Prot 数据库注释	NR 数据库注释
30	Solyc01g 006545.1	leucine rich repeat; leucine rich repeats (2 copies); leucine rich repeat; leucine rich repeat; leucine rich repeat N-terminal domain	receptor-like protein 12 (precursor) GN = RLP12 OS = Arabidopsis thaliana (mouse-ear cress) PE = 2 SV = 2	predicted: receptor-like protein 12 isoform X3 [Solanum lycopersicum]
31	Solyc01g 006550.3	leucine rich repeats(2 copies); leucine rich repeat; leucine rich repeat; leucine rich repeat; leucine rich repeat N-terminal domain; leucine rich repeat	receptor-like protein 12 (precursor) GN = RLP12 OS = Arabidopsis thaliana (mouse-ear cress) PE = 2 SV = 2	predicted: receptor-like protein 12 isoform X2 [Solanum lycopersicum]
32	Solyc01g 006550.3	leucine rich repeats(2 copies); leucine rich repeat; leucine rich repeat; leucine rich repeat; leucine rich repeat N-terminal domain; leucine rich repeat	receptor-like protein 12 (precursor) GN = RLP12 OS = Arabidopsis thaliana (mouse-ear cress) PE = 2 SV = 2	predicted: receptor-like protein 12 isoform X2 [Solanum lycopersicum]

续表

序号	染色体	位置	参考基因组	突变位点	R01	R02	R03	R04	密码子改变
33	1号	1 125 442	C	A	M	C	M	M	AGTATT
34	1号	1 125 850	C	G	C	S	S	S	TGTTCT
35	1号	1 125 868	G	T	G	K	K	K	GCGGAG

序号	基因 ID	Pfam 数据库注释	Swiss-Prot 数据库注释	NR 数据库注释
33	*Solyc01g* 006550. 3	leucine rich repeats(2 copies); leucine rich repeat; leucine rich repeat; leucine rich repeat; leucine rich repeat N – terminal domain; leucine rich repeat	receptor – like protein 12(precursor) GN = *RLP*12 OS = *Arabidopsis thaliana*(mouse – ear cress) PE = 2 SV = 2	predicted: receptor – like protein 12 isoform X2 [*Solanum lycopersicum*]
34	*Solyc01g* 006550. 3	leucine rich repeats(2 copies); leucine rich repeat; leucine rich repeat; leucine rich repeat; leucine rich repeat N – terminal domain; leucine rich repeat	receptor – like protein 12(precursor) GN = *RLP*12 OS = *Arabidopsis thaliana*(mouse – ear cress) PE = 2 SV = 2	predicted: receptor – like protein 12 isoform X2 [*Solanum lycopersicum*]
35	*Solyc01g* 006550. 3	leucine rich repeats(2 copies); leucine rich repeat; leucine rich repeat; leucine rich repeat; leucine rich repeat N – terminal domain; leucine rich repeat	receptor – like protein 12(precursor) GN = *RLP*12 OS = *Arabidopsis thaliana*(mouse – ear cress) PE = 2 SV = 2	predicted: receptor – like protein 12 isoform X2 [*Solanum lycopersicum*]

续表

序号	染色体	位置	参考基因组	突变位点	R01	R02	R03	R04	密码子改变
36	1号	1 125 878	A	C	A	M	M	M	TCAGCA
37	1号	1 126 270	G	A	G	R	R	G	TCTTTT
38	1号	1 126 291	T	C	T	Y	Y	T	AATAGT

序号	基因 ID	Pfam 数据库注释	Swiss-Prot 数据库注释	NR 数据库注释
36	Solyc01g 006550.3	leucine rich repeats(2 copies); leucine rich repeat; leucine rich repeat; leucine rich repeat; leucine rich repeat; N-terminal domain; leucine rich repeat	receptor-like protein 12 (precursor) GN = RLP12 OS = Arabidopsis thaliana (mouse-ear cress) PE = 2 SV = 2	predicted: receptor-like protein 12 isoform X2 [Solanum lycopersicum]
37	Solyc01g 006550.3	leucine rich repeats(2 copies); leucine rich repeat; leucine rich repeat; leucine rich repeat; leucine rich repeat; N-terminal domain; leucine rich repeat	receptor-like protein 12 (precursor) GN = RLP12 OS = Arabidopsis thaliana (mouse-ear cress) PE = 2 SV = 2	predicted: receptor-like protein 12 isoform X2 [Solanum lycopersicum]
38	Solyc01g 006550.3	leucine rich repeats(2 copies); leucine rich repeat; leucine rich repeat; leucine rich repeat; leucine rich repeat N-terminal domain; leucine rich repeat	receptor-like protein 12 (precursor) GN = RLP12 OS = Arabidopsis thaliana (mouse-ear cress) PE = 2 SV = 2	predicted: receptor-like protein 12 isoform X2 [Solanum lycopersicum]

续表

序号	染色体	位置	参考基因组	突变位点	R01	R02	R03	R04	密码子改变
39	1号	1 126 298	C	G	C	S	S	C	GATCAT
40	1号	1 126 351	A	G	A	R	R	R	CTCCCC
41	1号	1 224 466	T	C	T	C	Y	C	ATTGTT

序号	基因 ID	Pfam 数据库注释	Swiss-Prot 数据库注释	NR 数据库注释
39	*Solyc01g* 006550.3	leucine rich repeats(2 copies); leucine rich repeat; leucine rich repeat; leucine rich repeat; leucine rich repeat N-terminal domain; leucine rich repeat	receptor-like protein 12(precursor) GN = *RLP12* OS = *Arabidopsis thaliana*(mouse-ear cress) PE = 2 SV = 2	predicted: receptor-like protein 12 isoform X2 [*Solanum lycopersicum*]
40	*Solyc01g* 006545.1	leucine rich repeat; leucine rich repeats(2 copies); leucine rich repeat; leucine rich repeat; leucine rich repeat N-terminal domain	receptor-like protein 12(precursor) GN = *RLP12* OS = *Arabidopsis thaliana*(mouse-ear cress) PE = 2 SV = 2	predicted: receptor-like protein 12 isoform X3 [*Solanum lycopersicum*]
41	*Solyc01g* 006630.3	oxidoreductase family; NAD-binding Rossmann fold	—	predicted: uncharacterized oxidoreductase C26H5. 09c [*Solanum lycopersicum*]

续表

序号	染色体	位置	参考基因组	突变位点	R01	R02	R03	R04	密码子改变
42	1号	1 330 117	G	A	A	G	G	G	TCATTA
43	1号	1 469 815	G	A	A	G	R	G	CGTCAT
44	1号	1 549 679	T	A	A	T	T	T	AGTAGA

序号	基因 ID	Pfam 数据库注释	Swiss-Prot 数据库注释	NR 数据库注释
42	Solyc01g 006730.3	protein kinase domain; EF hand; EF – hand domain pair; protein tyrosine kinase; EF – hand domain pair; EF – hand domain; EF hand; cytoskeletal – regulatory complex EF hand; lipopolysaccharide kinase (Kdo/WaaP) family; phosphotransferase enzyme family	calcium – dependent protein kinase 20 GN = CPK20 OS = Arabidopsis thaliana(mouse – ear cress) PE = 3 SV = 1	predicted: calcium – dependent protein kinase 20 – like [Solanum lycopersicum]
43	Solyc01g 006890.3	N – terminal C2 in EEIG1 and EHBP1 proteins	—	predicted: uncharacterized protein LOC101267436 isoform X2 [Solanum lycopersicum]
44	Solyc01g 006970.3	helicase associated domain(HA2); oligonucleotide/oligosaccharide – binding (OB) – fold; helicase conserved C – terminal domain; DEAD/DEAH box helicase	probable pre – mRNA – splicing factor ATP – dependent RNA helicase GN = At2g47250 OS = Arabidopsis thaliana (mouse – ear cress) PE = 2 SV = 1	predicted: ATP – dependent RNA helicase DHX36 isoform X1 [Solanum lycopersicum]

续表

序号	染色体	位置	参考基因组	突变位点	R01	R02	R03	R04	密码子改变
45	1号	1 559 161	C	T	T	C	Y	C	GAGAAG
46	1号	1 559 193	G	A	A	G	G	G	TCATTA
47	1号	1 559 214	T	C	C	T	T	T	GAAGGA

序号	基因 ID	Pfam 数据库注释	Swiss - Prot 数据库注释	NR 数据库注释
45	*Solyc01g* 006993.1	dof domain, zinc finger	dof zinc finger protein DOF3.5 OS = *Arabidopsis thaliana* (mouse - ear cress) PE = 3 SV = 1 GN = *DOF*	predicted: dof zinc finger protein DOF2.1 - like [*Nicotiana sylvestris*]
46	*Solyc01g* 006993.1	dof domain, zinc finger	dof zinc finger protein DOF3.5 OS = *Arabidopsis thaliana* (mouse - ear cress) PE = 3 SV = 1 GN = *DOF*	predicted: dof zinc finger protein DOF2.1 - like [*Nicotiana sylvestris*]
47	*Solyc01g* 006993.1	dof domain, zinc finger	dof zinc finger protein DOF3.5 OS = *Arabidopsis thaliana* (mouse - ear cress) PE = 3 SV = 1 GN = *DOF*	predicted: dof zinc finger protein DOF2.1 - like [*Nicotiana sylvestris*]

续表

序号	染色体	位置	参考基因组	突变位点	R01	R02	R03	R04	密码子改变
48	1号	1 851 921	C	T	T	C	C	C	CCATCA
49	1号	1 853 905	G	T	T	G	G	G	TGGTGT
50	1号	1 906 925	A	G	G	A	A	A	TTATCA

序号	基因ID	Pfam 数据库注释	Swiss-Prot 数据库注释	NR 数据库注释
48	*Solyc01g007760.3*	E2F/DP family winged-helix DNA-binding domain	transcription factor E2FA GN=*F11F19.8* OS=*Arabidopsis thaliana* (mouse-ear cress) PE=1 SV=1	predicted: transcription factor E2FA [*Solanum lycopersicum*]
49	*Solyc01g007760.3*	E2F/DP family winged-helix DNA-binding domain	transcription factor E2FA GN=*F11F19.8* OS=*Arabidopsis thaliana* (mouse-ear cress) PE=1 SV=1	predicted: transcription factor E2FA [*Solanum lycopersicum*]
50	*Solyc01g007810.1*	transcriptional repressor, ovate	transcription repressor OFP15 GN=*OFP15* OS=*Arabidopsis thaliana* (mouse-ear cress) PE=1 SV=1	predicted: transcription repressor OFP15 [*Solanum lycopersicum*]

续表

序号	染色体	位置	参考基因组	突变位点	R01	R02	R03	R04	密码子改变
51	1号	2 014 004	C	G	C	G	S	G	GAACAA
52	1号	2 019 566	A	T	A	T	T	T	CTACAA
53	1号	2 021 726	C	T	C	T	Y	T	CGCCAC

序号	基因 ID	Pfam 数据库注释	Swiss-Prot 数据库注释	NR 数据库注释
51	Solyc01g007895.1	—	transcription factor bHLHl11 GN = *F17F8.* 3 OS = *Arabidopsis thaliana*（mouse - ear cress）PE = 2 SV = 1	predicted: putative un-characterized protein DDB_G0282499 [*Solanum lycopersicum*]
52	Solyc01g007895.1	—	transcription factor bHLHl11 GN = *F17F8.* 3 OS = *Arabidopsis thaliana*（mouse - ear cress）PE = 2 SV = 1	predicted: putative un-characterized protein DDB_G0282499 [*Solanum lycopersicum*]
53	Solyc01g007895.1	—	transcription factor bHLHl11 GN = *F17F8.* 3 OS = *Arabidopsis thaliana*（mouse - ear cress）PE = 2 SV = 1	predicted: putative un-characterized protein DDB_G0282499 [*Solanum lycopersicum*]

续表

序号	染色体	位置	参考基因组	突变位点	R01	R02	R03	R04	密码子改变
54	1号	2 038 182	C	A	M	C	M	C	GTGTTG
55	1号	2 054 352	T	G	K	G	G	G	AATCAT
56	1号	2 055 919	G	A	R	G	R	G	CCACTA

序号	基因ID	Pfam数据库注释	Swiss-Prot数据库注释	NR数据库注释
54	*Solyc01g007900.3*	protein of unknown function(DUF1084)	tobamovirus multiplication protein 3 GN = *TOM3* OS = *Nicotiana tabacum*(common tobacco) PE = 1 SV = 1	predicted: tobamovirus multiplication protein 3 [*Solanum lycopersicum*]
55	*Solyc01g007930.3*	sell repeat; F – box domain	F – box protein At1g70590 GN = *At1g70590* OS = *Arabidopsis thaliana*(mouse – ear cress) PE = 2 SV = 1	predicted: F – box protein At1g70590 – like [*Solanum lycopersicum*]
56	*Solyc01g007930.3*	sell repeat; F – box domain	F – box protein At1g70590 GN = *At1g70590* OS = *Arabidopsis thaliana*(mouse – ear cress) PE = 2 SV = 1	predicted: F – box protein At1g70590 – like [*Solanum lycopersicum*]

续表

序号	染色体	位置	参考基因组	突变位点	R01	R02	R03	R04	密码子改变
57	1号	2 059 503	G	T	K	G	K	G	GACGAA
58	1号	2 074 121	G	C	S	G	S	G	CTCGTC
59	1号	2 074 804	T	C	Y	T	Y	T	CATCGT

序号	基因 ID	Pfam 数据库注释	Swiss - Prot 数据库注释	NR 数据库注释
57	*Solyc01g007940.3*	aminotransferase class Ⅰ and Ⅱ	glutamate—glyoxylate aminotransferase 2 OS = *Arabidopsis thaliana* (mouse - ear cress) PE = 1 SV = 1	predicted: glutamate—glyoxylate aminotransferase 2 - like [*Solanum lycopersicum*]
58	*Solyc01g007955.1*	—	—	predicted: uncharacterized protein LOC101251117 [*Solanum lycopersicum*]
59	*Solyc01g007955.1*	—	—	predicted: uncharacterized protein LOC101251117 [*Solanum lycopersicum*]

续表

序号	染色体	位置	参考基因组	突变位点	R01	R02	R03	R04	密码子改变
60	1号	2 085 363	T	A	W	T	A	T	TTTATT
61	1号	2 085 400	T	A	W	T	W	T	CTTCAT
62	1号	2 085 406	C	T	Y	C	Y	C	CCACTA

序号	基因 ID	Pfam 数据库注释	Swiss - Prot 数据库注释	NR 数据库注释
60	*Solyc01g* 007960. 3	protein kinase domain; protein tyrosine kinase; salt stress response/antifungal	cysteine - rich receptor - like protein kinase 2(precursor) GN = *CRK2* OS = *Arabidopsis thaliana*(mouse - ear cress) PE = 2 SV = 1	predicted; cysteine - rich receptor - like protein kinase 2 isoform X1 [*Solanum lycopersicum*]
61	*Solyc01g* 007960. 3	protein kinase domain; protein tyrosine kinase; salt stress response/antifungal	cysteine - rich receptor - like protein kinase 2(precursor) GN = *CRK2* OS = *Arabidopsis thaliana*(mouse - ear cress) PE = 2 SV = 1	predicted; cysteine - rich receptor - like protein kinase 2 isoform X1 [*Solanum lycopersicum*]
62	*Solyc01g* 007960. 3	protein kinase domain; protein tyrosine kinase; salt stress response/antifungal	cysteine - rich receptor - like protein kinase 2(precursor) GN = *CRK2* OS = *Arabidopsis thaliana*(mouse - ear cress) PE = 2 SV = 1	predicted; cysteine - rich receptor - like protein kinase 2 isoform X1 [*Solanum lycopersicum*]

续表

序号	染色体	位置	参考基因组	突变位点	R01	R02	R03	R04	密码子改变
63	1号	2 085 427	C	A	M	C	M	C	CCACAA
64	1号	2 085 435	C	G	S	C	S	C	CAGGAG
65	1号	2 085 444	C	A	M	C	M	C	CAGAAG

序号	基因 ID	Pfam 数据库注释	Swiss-Prot 数据库注释	NR 数据库注释
63	*Solyc01g*007960. 3	protein kinase domain; protein tyrosine kinase; salt stress response/antifungal	cysteine-rich receptor-like protein kinase 2(precursor) GN = *CRK2* OS = *Arabidopsis thaliana*(mouse-ear cress) PE = 2 SV = 1	predicted: cysteine-rich receptor-like protein kinase 2 isoform X1 [*Solanum lycopersicum*]
64	*Solyc01g*007960. 3	protein kinase domain; protein tyrosine kinase; salt stress response/antifungal	cysteine-rich receptor-like protein kinase 2(precursor) GN = *CRK2* OS = *Arabidopsis thaliana*(mouse-ear cress) PE = 2 SV = 1	predicted: cysteine-rich receptor-like protein kinase 2 isoform X1 [*Solanum lycopersicum*]
65	*Solyc01g*007960. 3	protein kinase domain; protein tyrosine kinase; salt stress response/antifungal	cysteine-rich receptor-like protein kinase 2(precursor) GN = *CRK2* OS = *Arabidopsis thaliana*(mouse-ear cress) PE = 2 SV = 1	predicted: cysteine-rich receptor-like protein kinase 2 isoform X1 [*Solanum lycopersicum*]

续表

序号	染色体	位置	参考基因组	突变位点	R01	R02	R03	R04	密码子改变
66	1号	2 085 457	A	G	R	A	R	A	AATAGT
67	1号	2 085 497	T	A	W	T	W	T	AATAAA
68	1号	2 098 831	A	C	M	A	M	A	AAAACA

序号	基因 ID	Pfam 数据库注释	Swiss-Prot 数据库注释	NR 数据库注释
66	Solyc01g007960.3	protein kinase domain; protein tyrosine kinase; salt stress response/antifungal	cysteine-rich receptor-like protein kinase 2(precursor) GN = CRK2 OS = Arabidopsis thaliana(mouse-ear cress) PE = 2 SV = 1	predicted: cysteine-rich receptor-like protein kinase 2 isoform X1 [Solanum lycopersicum]
67	Solyc01g007960.3	protein kinase domain; protein tyrosine kinase; salt stress response/antifungal	cysteine-rich receptor-like protein kinase 2(precursor) GN = CRK2 OS = Arabidopsis thaliana(mouse-ear cress) PE = 2 SV = 1	predicted: cysteine-rich receptor-like protein kinase 2 isoform X1 [Solanum lycopersicum]
68	Solyc01g007980.3	protein tyrosine kinase; protein kinase domain	cysteine-rich receptor-like protein kinase 2(precursor) GN = CRK2 OS = Arabidopsis thaliana(mouse-ear cress) PE = 2 SV = 1	predicted: cysteine-rich receptor-like protein kinase 2-like isoform X1 [Solanum tuberosum]

续表

序号	染色体	位置	参考基因组	突变位点	R01	R02	R03	R04	密码子改变
69	1号	2 099 005	T	C	Y	T	Y	T	ATCACC
70	1号	2 099 372	G	T	K	G	K	G	GAGGAT
71	1号	2 115 122	T	A	W	T	W	T	GAGGTG

序号	基因 ID	Pfam 数据库注释	Swiss-Prot 数据库注释	NR 数据库注释
69	*Solyc01g* 007980.3	protein tyrosine kinase; protein kinase domain	cysteine – rich receptor – like protein kinase 2(precursor) GN = *CRK2* OS = *Arabidopsis thaliana*(mouse – ear cress) PE = 2 SV = 1	predicted: cysteine – rich receptor – like protein kinase 2 – like isoform X1 [*Solanum tuberosum*]
70	*Solyc01g* 007980.3	protein tyrosine kinase; protein kinase domain	cysteine – rich receptor – like protein kinase 2(precursor) GN = *CRK2* OS = *Arabidopsis thaliana*(mouse – ear cress) PE = 2 SV = 1	predicted: cysteine – rich receptor – like protein kinase 2 – like isoform X1 [*Solanum tuberosum*]
71	*Solyc01g* 008005.1	transcription factor TFIID (or TATA – binding protein, TBP)	TATA – box – binding protein GN = *TBP* OS = *Solanum tuberosum*(potato) PE = 2 SV = 1	predicted: TATA – box – binding protein – like [*Solanum tuberosum*]

续表

序号	染色体	位置	参考基因组	突变位点	R01	R02	R03	R04	密码子改变
72	1号	2 130 697	A	G	R	A	R	A	ATAATG
73	1号	2 131 598	G	A	R	G	R	G	CGGCAC
74	1号	2 132 710	T	C	Y	T	Y	T	CAGCGG

序号	基因ID	Pfam 数据库注释	Swiss-Prot 数据库注释	NR 数据库注释
72	Solyc01g 008030.3	—	—	—
73	Solyc01g 008030.3	—	—	—
74	Solyc01g 008040.1	—	F - box/kelch - repeat protein At3g06240 GN = At3g06240 OS = Arabidopsis thaliana (mouse - ear cress) PE =2 SV =1	predicted: F - box/kelch - repeat protein At3g23880 [Solanum lycopersicum]

续表

序号	染色体	位置	参考基因组	突变位点	R01	R02	R03	R04	密码子改变
75	1号	2 144 192	T	C	Y	T	C	T	GTTGCT
76	1号	2 144 258	C	T	Y	C	T	C	GCTGTT
77	1号	2 190 462	T	C	C	T	Y	T	ATCGTC

序号	基因 ID	Pfam 数据库注释	Swiss-Prot 数据库注释	NR 数据库注释
75	Solyc01g008060.3	reverse transcriptase-like; RNase H	—	predicted: uncharacterized protein LOC101248411 [*Solanum lycopersicum*]
76	Solyc01g008060.3	reverse transcriptase-like; RNase H	—	predicted: uncharacterized protein LOC101248411 [*Solanum lycopersicum*]
77	Solyc01g008120.3	histone acetylation protein; TAZ zinc finger; Zinc finger, ZZ type; PHD-finger	histone acetyltransferase HAC1 OS = *Arabidopsis thaliana*（mouse-ear cress）PE = 1 SV = 2	predicted: histone acetyltransferase HAC1-like isoform X1 [*Solanum lycopersicum*]

续表

序号	染色体	位置	参考基因组	突变位点	R01	R02	R03	R04	密码子改变
78	1号	2 209 138	C	T	T	C	T	C	GCAGTA
79	1号	2 209 261	G	T	K	G	G	G	GGAGTA
80	1号	2 214 948	C	T	Y	C	Y	C	CCCCTC

序号	基因 ID	Pfam 数据库注释	Swiss-Prot 数据库注释	NR 数据库注释
78	Solyc01g 008130.3	protein of unknown function, DUF547; domain found in dishevelled, Egl – 10, and pleckstrin(DEP); glutaredoxin	—	predicted: uncharacterized protein LOC101246461 isoform X1 [Solanum lycopersicum]
79	Solyc01g 008130.3	protein of unknown function, DUF547; domain found in dishevelled, Egl – 10, and pleckstrin(DEP); glutaredoxin	—	predicted: uncharacterized protein LOC101246461 isoform X1 [Solanum lycopersicum]
80	Solyc01g 008130.3	protein of unknown function, DUF547; domain found in dishevelled, Egl – 10, and pleckstrin(DEP); glutaredoxin	—	predicted: uncharacterized protein LOC101246461 isoform X1 [Solanum lycopersicum]

续表

序号	染色体	位置	参考基因组	突变位点	R01	R02	R03	R04	密码子改变
81	1号	2 236 835	C	G	S	C	S	C	GGTGCT
82	1号	2 236 886	G	A	R	G	R	G	GCTGTT
83	1号	2 245 611	C	A	M	C	M	C	ACGAAG

序号	基因 ID	Pfam 数据库注释	Swiss-Prot 数据库注释	NR 数据库注释
81	*Solyc01g*008150.1	—	—	—
82	*Solyc01g*008150.1	—	—	—
83	*Solyc01g*008170.3	Zinc finger C-x8-C-x5-C-x3-H type(and similar)	Zinc finger CCCH domain-containing protein 17 GN = At2g02160 OS = Arabidopsis thaliana(mouse-ear cress) PE = 1 SV = 1	predicted: zinc finger CCCH domain-containing protein 17 [Solanum lycopersicum]

续表

序号	染色体	位置	参考基因组	突变位点	R01	R02	R03	R04	密码子改变
84	1号	2 245 691	T	C	Y	T	Y	T	TCTCCT
85	1号	2 246 211	A	G	G	A	R	A	GATGGT
86	1号	2 246 340	A	G	G	A	R	A	CAACGA

序号	基因 ID	Pfam 数据库注释	Swiss – Prot 数据库注释	NR 数据库注释
84	Solyc01g 008170.3	Zinc finger C – x8 – C – x5 – C – x3 – H type(and similar)	Zinc finger CCCH domain – containing protein 17 GN = At2g02160 OS = Arabidopsis thaliana(mouse – ear cress) PE = 1 SV = 1	predicted: zinc finger CCCH domain – containing protein 17 [Solanum lycopersicum]
85	Solyc01g 008170.3	Zinc finger C – x8 – C – x5 – C – x3 – H type(and similar)	Zinc finger CCCH domain – containing protein 17 GN = At2g02160 OS = Arabidopsis thaliana(mouse – ear cress) PE = 1 SV = 1	predicted: zinc finger CCCH domain – containing protein 17 [Solanum lycopersicum]
86	Solyc01g 008170.3	Zinc finger C – x8 – C – x5 – C – x3 – H type(and similar)	Zinc finger CCCH domain – containing protein 17 GN = At2g02160 OS = Arabidopsis thaliana(mouse – ear cress) PE = 1 SV = 1	predicted: zinc finger CCCH domain – containing protein 17 [Solanum lycopersicum]

续表

序号	染色体	位置	参考基因组	突变位点	R01	R02	R03	R04	密码子改变
87	1号	2 246 891	G	A	R	G	R	G	GTGATG
88	1号	2 246 900	T	C	Y	T	Y	T	TGGCGG
89	1号	2 264 050	G	T	K	G	K	G	GCAGAA

序号	基因 ID	Pfam 数据库注释	Swiss-Prot 数据库注释	NR 数据库注释
87	*Solyc01g008170.3*	Zinc finger C-x8-C-x5-C-x3-H type(and similar)	Zinc finger CCCH domain-containing protein 17 GN=*At2g02160* OS=*Arabidopsis thaliana*(mouse-ear cress) PE=1 SV=1	predicted: zinc finger CCCH domain-containing protein 17 [*Solanum lycopersicum*]
88	*Solyc01g008170.3*	Zinc finger C-x8-C-x5-C-x3-H type(and similar)	Zinc finger CCCH domain-containing protein 17 GN=*At2g02160* OS=*Arabidopsis thaliana*(mouse-ear cress) PE=1 SV=1	predicted: zinc finger CCCH domain-containing protein 17 [*Solanum lycopersicum*]
89	*Solyc01g008180.3*	remorin, C-terminal region	uncharacterized protein At3g61260 OS=*Arabidopsis thaliana*(mouse-ear cress) PE=1 SV=1	predicted: uncharacterized protein LOC101245575 [*Solanum lycopersicum*]

续表

序号	染色体	位置	参考基因组	突变位点	R01	R02	R03	R04	密码子改变
90	1号	2 286 647	C	G	S	C	S	C	GATCAT
91	1号	2 328 983	G	A	R	G	A	G	GGTAGT
92	1号	2 329 514	T	C	Y	T	Y	T	CTGCCG

序号	基因ID	Pfam 数据库注释	Swiss-Prot 数据库注释	NR 数据库注释
90	Solyc01g008220.3	—		predicted: UPF0664 stress – induced protein C29B12. 11c – like [Solanum lycopersicum]
91	Solyc01g008280.3	phosphotyrosyl phosphate activator (PTPA) protein	—	predicted: serine/threonine – protein phosphatase 2A activator [Solanum lycopersicum]
92	Solyc01g008280.3	phosphotyrosyl phosphate activator (PTPA) protein	—	predicted: serine/threonine – protein phosphatase 2A activator [Solanum lycopersicum]

续表

序号	染色体	位置	参考基因组	突变位点	R01	R02	R03	R04	密码子改变
93	1号	2 337 237	T	C	Y	T	T	T	ATCACC
94	1号	2 340 966	A	G	R	A	R	A	CTGCCG
95	1号	2 374 221	T	C	C	T	Y	T	ATGACG

序号	基因 ID	Pfam 数据库注释	Swiss-Prot 数据库注释	NR 数据库注释
93	*Solyc01g008290.3*	dihydroorotate dehydrogenase	dihydroorotate dehydrogenase(quinone), mitochondrial(precursor) GN = *PYRD* OS = *Arabidopsis thaliana*(mouse - ear cress) PE = 1 SV = 2	predicted: dihydroorotate dehydrogenase (quinone), mitochondrial [*Solanum lycopersicum*]
94	*Solyc01g008300.2*	transferase family	BAHD acyltransferase At5g47980 GN = *BAHD1* OS = *Arabidopsis thaliana*(mouse - ear cress) PE = 2 SV = 1	predicted: BAHD acyltransferase At5g47980 - like isoform X2 [*Solanum lycopersicum*]
95	*Solyc01g008320.3*	DDHD domain	phospholipase SGR2 GN = *SGR2* OS = *Arabidopsis thaliana*(mouse - ear cress) PE = 1 SV = 1	predicted: phospholipase SGR2 isoform X1 [*Solanum lycopersicum*]

续表

序号	染色体	位置	参考基因组	突变位点	R01	R02	R03	R04	密码子改变
96	1号	2 397 828	T	C	Y	T	T	T	TTCCTC
97	1号	2 397 965	T	A	A	T	T	T	TTTTTA
98	1号	2 400 072	T	C	C	T	T	T	TACCAC

序号	基因ID	Pfam 数据库注释	Swiss - Prot 数据库注释	NR 数据库注释
96	Solyc01g008340.3	ribosomal protein L19	50S ribosomal protein L19, chloroplastic (precursor) GN = *RPL*19 OS = *Spinacia oleracea* (spinach) PE = 1 SV = 2	L19 ribosomal protein - like [*Solanum lycopersicum*]
97	Solyc01g008340.3	ribosomal protein L19	50S ribosomal protein L19, chloroplastic (precursor) GN = *RPL*19 OS = *Spinacia oleracea* (spinach) PE = 1 SV = 2	L19 ribosomal protein - like [*Solanum lycopersicum*]
98	Solyc01g008340.3	ribosomal protein L19	50S ribosomal protein L19, chloroplastic (precursor) GN = *RPL*19 OS = *Spinacia oleracea* (spinach) PE = 1 SV = 2	L19 ribosomal protein - like [*Solanum lycopersicum*]

续表

序号	染色体	位置	参考基因组	突变位点	R01	R02	R03	R04	密码子改变
99	1号	2 400 111	G	A	R	G	G	G	GCAACA
100	1号	2 408 126	T	G	K	T	K	T	CTTCGT
101	1号	2 419 985	T	C	Y	T	Y	T	TTATCA

序号	基因 ID	Pfam 数据库注释	Swiss - Prot 数据库注释	NR 数据库注释
99	*Solyc01g* 008340. 3	ribosomal protein L19	50S ribosomal protein L19, chloroplastic (precursor) GN = *RPL19* OS = *Spinacia oleracea* (spinach) PE = 1 SV = 2	L19 ribosomal protein - like [*Solanum lycopersicum*]
100	*Solyc01g* 008350. 3	protein of unknown function (DUF3752)	—	predicted: uncharacterized protein LOC105176044 [*Sesamum indicum*]
101	*Solyc01g* 008405. 1	—	putative pentatricopeptide repeat - containing protein At1g10330 GN = *PCMP - E71* OS = *Arabidopsis thaliana* (mouse - ear cress) PE = 3 SV = 1	predicted: putative pentatricopeptide repeat - containing protein At1g10330 [*Solanum lycopersicum*]

续表

序号	染色体	位置	参考基因组	突变位点	R01	R02	R03	R04	密码子改变
102	1号	2 419 992	G	T	K	G	K	G	AAGAAT
103	1号	2 420 017	A	G	R	A	R	A	ATTGTT
104	1号	2 420 024	G	C	S	G	S	G	AGTACT

序号	基因 ID	Pfam 数据库注释	Swiss-Prot 数据库注释	NR 数据库注释
102	Solyc01g 008405. 1	—	putative pentatricopeptide repeat-containing protein At1g10330 GN=PCMP-E71 OS=Arabidopsis thaliana (mouse-ear cress) PE=3 SV=1	predicted: putative pentatricopeptide repeat-containing protein At1g10330 [Solanum lycopersicum]
103	Solyc01g 008405. 1	—	putative pentatricopeptide repeat-containing protein At1g10330 GN=PCMP-E71 OS=Arabidopsis thaliana (mouse-ear cress) PE=3 SV=1	predicted: putative pentatricopeptide repeat-containing protein At1g10330 [Solanum lycopersicum]
104	Solyc01g 008405. 1	—	putative pentatricopeptide repeat-containing protein At1g10330 GN=PCMP-E71 OS=Arabidopsis thaliana (mouse-ear cress) PE=3 SV=1	predicted: putative pentatricopeptide repeat-containing protein At1g10330 [Solanum lycopersicum]

续表

序号	染色体	位置	参考基因组	突变位点	R01	R02	R03	R04	密码子改变
105	1号	2 420 409	G	T	K	G	K	G	GGGGTG
106	1号	2 420 588	T	C	Y	T	Y	T	TTCCTC
107	1号	2 420 649	T	C	Y	T	C	T	ATGACG

序号	基因 ID	Pfam 数据库注释	Swiss - Prot 数据库注释	NR 数据库注释
105	Solyc01g 008405. 1	—	putative pentatricopeptide repeat - containing protein At1g10330 GN = *PCMP - E71* OS = *Arabidopsis thaliana*（mouse - ear cress）PE = 3 SV = 1	predicted: putative pentatricopeptide repeat - containing protein At1g10330［*Solanum lycopersicum*］
106	Solyc01g 008405. 1	—	putative pentatricopeptide repeat - containing protein At1g10330 GN = *PCMP - E71* OS = *Arabidopsis thaliana*（mouse - ear cress）PE = 3 SV = 1	predicted: putative pentatricopeptide repeat - containing protein At1g10330［*Solanum lycopersicum*］
107	Solyc01g 008405. 1	—	putative pentatricopeptide repeat - containing protein At1g10330 GN = *PCMP - E71* OS = *Arabidopsis thaliana*（mouse - ear cress）PE = 3 SV = 1	predicted: putative pentatricopeptide repeat - containing protein At1g10330［*Solanum lycopersicum*］

续表

序号	染色体	位置	参考基因组	突变位点	R01	R02	R03	R04	密码子改变
108	1号	2 422 031	G	T	K	G	K	G	ACAAAA
109	1号	2 422 394	T	G	K	T	K	T	AAAACA
110	1号	2 422 535	C	G	S	C	S	C	GGGGCG

序号	基因 ID	Pfam 数据库注释	Swiss-Prot 数据库注释	NR 数据库注释
108	Solyc01g 008390. 2	leucine rich repeat; leucine rich repeat; leucine rich repeats(2 copies); leucine rich repeat; leucine rich repeat	receptor-like protein 12(precursor) GN = RLP12 OS = Arabidopsis thaliana (mouse-ear cress) PE = 2 SV = 2	Hcr9-OR2C [Solanum pimpinellifolium]
109	Solyc01g 008390. 2	leucine rich repeat; leucine rich repeat; leucine rich repeats(2 copies); leucine rich repeat; leucine rich repeat	receptor-like protein 12(precursor) GN = RLP12 OS = Arabidopsis thaliana (mouse-ear cress) PE = 2 SV = 2	Hcr9-OR2C [Solanum pimpinellifolium]
110	Solyc01g 008390. 2	leucine rich repeat; leucine rich repeat; leucine rich repeats(2 copies); leucine rich repeat; leucine rich repeat	receptor-like protein 12(precursor) GN = RLP12 OS = Arabidopsis thaliana (mouse-ear cress) PE = 2 SV = 2	Hcr9-OR2C [Solanum pimpinellifolium]

续表

序号	染色体	位置	参考基因组	突变位点	R01	R02	R03	R04	密码子改变
111	1号	2 422 619	T	C	Y	T	Y	T	CAACGA
112	1号	2 422 633	C	G	S	C	S	C	GAGGAC
113	1号	2 422 805	A	C	M	A	M	A	CTACGA

序号	基因ID	Pfam 数据库注释	Swiss-Prot 数据库注释	NR 数据库注释
111	Solyc01g008390.2	leucine rich repeat; leucine rich repeat; leucine rich repeats(2 copies); leucine rich repeat; leucine rich repeat	receptor-like protein 12(precursor) GN = RLP12 OS = Arabidopsis thaliana (mouse-ear cress) PE = 2 SV = 2	Hcr9-OR2C [Solanum pimpinellifolium]
112	Solyc01g008390.2	leucine rich repeat; leucine rich repeat; leucine rich repeats(2 copies); leucine rich repeat; leucine rich repeat	receptor-like protein 12(precursor) GN = RLP12 OS = Arabidopsis thaliana (mouse-ear cress) PE = 2 SV = 2	Hcr9-OR2C [Solanum pimpinellifolium]
113	Solyc01g008390.2	leucine rich repeat; leucine rich repeat; leucine rich repeats(2 copies); leucine rich repeat; leucine rich repeat	receptor-like protein 12(precursor) GN = RLP12 OS = Arabidopsis thaliana (mouse-ear cress) PE = 2 SV = 2	Hcr9-OR2C [Solanum pimpinellifolium]

续表

序号	染色体	位置	参考基因组	突变位点	R01	R02	R03	R04	密码子改变
114	1号	2 422 811	C	T	Y	C	Y	C	CGACAA
115	1号	2 422 916	C	T	Y	C	Y	C	AGTAAT
116	1号	2 422 941	G	C	S	G	S	G	CTTGTT

序号	基因ID	Pfam 数据库注释	Swiss-Prot 数据库注释	NR 数据库注释
114	Solyc01g008390.2	leucine rich repeat; leucine rich repeat; leucine rich repeats(2 copies); leucine rich repeat; leucine rich repeat	receptor-like protein 12(precursor) GN = RLP12 OS = Arabidopsis thaliana (mouse-ear cress) PE = 2 SV = 2	Hcr9-OR2C [Solanum pimpinellifolium]
115	Solyc01g008390.2	leucine rich repeat; leucine rich repeat; leucine rich repeats(2 copies); leucine rich repeat; leucine rich repeat	receptor-like protein 12(precursor) GN = RLP12 OS = Arabidopsis thaliana (mouse-ear cress) PE = 2 SV = 2	Hcr9-OR2C [Solanum pimpinellifolium]
116	Solyc01g008390.2	leucine rich repeat; leucine rich repeat; leucine rich repeats(2 copies); leucine rich repeat; leucine rich repeat	receptor-like protein 12(precursor) GN = RLP12 OS = Arabidopsis thaliana (mouse-ear cress) PE = 2 SV = 2	Hcr9-OR2C [Solanum pimpinellifolium]

续表

序号	染色体	位置	参考基因组	突变位点	R01	R02	R03	R04	密码子改变
117	1号	2 423 018	C	A	M	C	M	C	GGAGTA
118	1号	2 423 025	T	G	K	T	K	T	AAACAA
119	1号	2 423 065	A	C	M	A	M	A	AGTAGG

序号	基因 ID	Pfam 数据库注释	Swiss-Prot 数据库注释	NR 数据库注释
117	Solyc01g008390.2	leucine rich repeat; leucine rich repeat; leucine rich repeats(2 copies); leucine rich repeat; leucine rich repeat	receptor – like protein 12(precursor) GN = RLP12 OS = Arabidopsis thaliana (mouse – ear cress) PE = 2 SV = 2	Hcr9 – OR2C [Solanum pimpinellifolium]
118	Solyc01g008390.2	leucine rich repeat; leucine rich repeat; leucine rich repeats(2 copies); leucine rich repeat; leucine rich repeat	receptor – like protein 12(precursor) GN = RLP12 OS = Arabidopsis thaliana (mouse – ear cress) PE = 2 SV = 2	Hcr9 – OR2C [Solanum pimpinellifolium]
119	Solyc01g008390.2	leucine rich repeat; leucine rich repeat; leucine rich repeats(2 copies); leucine rich repeat; leucine rich repeat	receptor – like protein 12(precursor) GN = RLP12 OS = Arabidopsis thaliana (mouse – ear cress) PE = 2 SV = 2	Hcr9 – OR2C [Solanum pimpinellifolium]

续表

序号	染色体	位置	参考基因组	突变位点	R01	R02	R03	R04	密码子改变
120	1号	2 423 097	C	T	Y	C	Y	C	GGAAGA
121	1号	2 427 705	A	G	R	A	R	A	TATCAT
122	1号	2 427 858	G	T	K	G	K	G	CAGAAG

序号	基因 ID	Pfam 数据库注释	Swiss-Prot 数据库注释	NR 数据库注释
120	Solyc01g 008390. 2	leucine rich repeat; leucine rich repeat; leucine rich repeats(2 copies); leucine rich repeat; leucine rich repeat	receptor – like protein 12（precursor） GN = RLP12 OS = Arabidopsis thaliana （mouse – ear cress）PE = 2 SV = 2	Hcr9 – OR2C［Sola-num pimpinellifolium］
121	Solyc01g 008410. 2	leucine rich repeat; leucine rich repeat; leucine rich repeats(2 copies); leucine rich repeat; leucine rich repeat N – terminal domain; leucine rich repeat; leucine rich repeat	receptor – like protein 12（precursor） GN = RLP12 OS = Arabidopsis thaliana （mouse – ear cress）PE = 2 SV = 2	Hcr9 – OR2C［Sola-num pimpinellifolium］
122	Solyc01g 008410. 2	leucine rich repeat; leucine rich repeats(2 copies); leucine rich repeat; leucine rich repeat; leucine rich repeats(2 copies); leucine rich repeat N – terminal domain; leucine rich repeat; leucine rich repeat	receptor – like protein 12（precursor） GN = RLP12 OS = Arabidopsis thaliana （mouse – ear cress）PE = 2 SV = 2	Hcr9 – OR2C［Sola-num pimpinellifolium］

续表

序号	染色体	位置	参考基因组	突变位点	R01	R02	R03	R04	密码子改变
123	1号	2 428 031	C	T	Y	C	Y	C	AGAAAA
124	1号	2 442 043	G	A	R	G	R	G	AGGAAG
125	1号	2 442 341	A	T	W	A	T	A	GAACTA

序号	基因 ID	Pfam 数据库注释	Swiss-Prot 数据库注释	NR 数据库注释
123	*Solyc01g008410.2*	leucine rich repeat; leucine rich repeats(2 copies); leucine rich repeat; leucine rich repeat; leucine rich repeats(2 copies); leucine rich repeat N-terminal domain; leucine rich repeat; leucine rich repeat	receptor-like protein 12 (precursor) GN=*RLP*12 OS=*Arabidopsis thaliana* (mouse-ear cress) PE=2 SV=2	Hcr9-OR2C [*Solanum pimpinellifolium*]
124	*Solyc01g008420.3*	MatE; polysaccharide biosynthesis C-terminal domain	MATE efflux family protein 1 GN=*F11M15.*20 OS=*Arabidopsis thaliana* (mouse-ear cress) PE=2 SV=2	predicted: MATE efflux family protein 1-like [*Solanum lycopersicum*]
125	*Solyc01g008420.3*	MatE; polysaccharide biosynthesis C-terminal domain	MATE efflux family protein 1 GN=*F11M15.*20 OS=*Arabidopsis thaliana* (mouse-ear cress) PE=2 SV=2	predicted: MATE efflux family protein 1-like [*Solanum lycopersicum*]

续表

序号	染色体	位置	参考基因组	突变位点	R01	R02	R03	R04	密码子改变
126	1号	2 450 333	G	T	K	G	K	G	AACAAA
127	1号	2 450 370	C	T	Y	C	Y	C	GGTGAT
128	1号	2 450 761	G	C	S	G	C	G	TCCTGC

序号	基因 ID	Pfam 数据库注释	Swiss-Prot 数据库注释	NR 数据库注释
126	Solyc01g 008430.2	—	—	predicted: uncharacterized protein LOC104646330 [Solanum lycopersicum]
127	Solyc01g 008430.2	—	—	predicted: uncharacterized protein LOC104646330 [Solanum lycopersicum]
128	Solyc01g 008430.2	—	—	predicted: uncharacterized protein LOC104646330 [Solanum lycopersicum]

续表

序号	染色体	位置	参考基因组	突变位点	R01	R02	R03	R04	密码子改变
129	1号	2 458 173	A	G	R	A	R	A	CATCGT
130	1号	2 472 636	G	A	R	G	G	G	ACCATC
131	1号	2 490 356	G	A	R	G	G	G	CGTCAT

序号	基因 ID	Pfam 数据库注释	Swiss - Prot 数据库注释	NR 数据库注释
129	*Solyc01g* 008440.3	protein kinase domain; EF - hand domain pair; EF hand; protein tyrosine kinase; EF - hand domain; EF hand; EF - hand domain pair; kinase - like; cytoskeletal - regulatory complex EF hand; lipopolysaccharide kinase (Kd₀/WaaP) family	calcium - dependent protein kinase 7 GN = CPK7 OS = *Arabidopsis thaliana* (mouse - ear cress) PE = 2 SV = 1	predicted: calcium - dependent protein kinase 8 [*Solanum lycopersicum*]
130	*Solyc01g* 008450. 1	—	—	—
131	*Solyc01g* 008471. 1	—	—	hypothetical protein L484_012978 [*Morus notabilis*]

续表

序号	染色体	位置	参考基因组	突变位点	R01	R02	R03	R04	密码子改变
132	1号	2 490 455	G	A	R	G	G	G	CGACAA
133	1号	2 490 574	A	G	G	A	A	R	ACTGCT
134	1号	2 496 939	C	T	T	C	C	C	CACTAC
135	1号	2 497 006	T	G	T	K	K	T	ATAAGA
136	1号	2 497 868	T	C	C	T	Y	T	TTCTCC

序号	基因 ID	Pfam 数据库注释	Swiss-Prot 数据库注释	NR 数据库注释
132	Solyc01g008471.1	—	—	—
133	Solyc01g008471.1	—	—	—
134	Solyc01g008474.1	—	—	—
135	Solyc01g008474.1	—	—	—
136	Solyc01g008474.1	—	—	—

续表

序号	染色体	位置	参考基因组	突变位点	R01	R02	R03	R04	密码子改变
137	1号	2 497 949	T	C	C	T	T	T	TTGTCG
138	1号	2 498 736	C	G	S	C	S	C	GCAGGA
139	1号	2 498 951	A	G	G	A	A	A	AAAGAA
140	1号	2 500 742	A	C	M	A	A	A	CAGCCG
141	1号	2 501 219	T	C	C	T	T	T	CTGCCG

序号	基因 ID	Pfam 数据库注释	Swiss - Prot 数据库注释	NR 数据库注释
137	*Solyc01g* 008474.1	—	—	—
138	*Solyc01g* 008476.1	—	—	—
139	*Solyc01g* 008476.1	—	—	—
140	*Solyc01g* 008478.1	—	—	—
141	*Solyc01g* 008478.1	—	—	—

续表

序号	染色体	位置	参考基因组	突变位点	R01	R02	R03	R04	密码子改变
142	1号	2 501 228	C	G	G	C	C	C	GCAGGA
143	1号	2 504 184	T	C	Y	T	Y	T	TGTCGT
144	1号	2 507 112	T	G	K	T	K	T	TTTTTG

序号	基因 ID	Pfam 数据库注释	Swiss - Prot 数据库注释	NR 数据库注释
142	Solyc01g 008478.1	—	—	—
143	Solyc01g 008480.3	PPR repeat family; PPR repeat; pentatricopeptide repeat domain; PPR repeat	pentatricopeptide repeat - containing protein At2g01390 GN = At2g01390/At2g01380 OS = Arabidopsis thaliana (mouse - ear cress) PE = 2 SV = 2	predicted: pentatricopeptide repeat - containing protein At2g01390 - like [Solanum lycopersicum]
144	Solyc01g 008480.3	PPR repeat family; PPR repeat; pentatricopeptide repeat domain; PPR repeat	pentatricopeptide repeat - containing protein At2g01390 GN = At2g01390/At2g01380 OS = Arabidopsis thaliana (mouse - ear cress) PE = 2 SV = 2	predicted: pentatricopeptide repeat - containing protein At2g01390 - like [Solanum lycopersicum]

续表

序号	染色体	位置	参考基因组	突变位点	R01	R02	R03	R04	密码子改变
145	1号	2 507 206	G	A	R	G	R	R	GCTACT
146	1号	2 507 213	C	A	M	C	M	M	GCGGAG
147	1号	2 508 141	T	G	K	T	K	T	CTGCGG

序号	基因 ID	Pfam 数据库注释	Swiss-Prot 数据库注释	NR 数据库注释
145	*Solyc01g008480.3*	PPR repeat family; PPR repeat; pentatricopeptide repeat domain; PPR repeat	pentatricopeptide repeat-containing protein At2g01390 GN = At2g01390/At2g01380 OS = *Arabidopsis thaliana* (mouse-ear cress) PE = 2 SV = 2	predicted: pentatricopeptide repeat-containing protein At2g01390-like [*Solanum lycopersicum*]
146	*Solyc01g008480.3*	PPR repeat family; PPR repeat; pentatricopeptide repeat domain; PPR repeat	pentatricopeptide repeat-containing protein At2g01390 GN = At2g01390/At2g01380 OS = *Arabidopsis thaliana* (mouse-ear cress) PE = 2 SV = 2	predicted: pentatricopeptide repeat-containing protein At2g01390-like [*Solanum lycopersicum*]
147	*Solyc01g008480.3*	PPR repeat family; PPR repeat; pentatricopeptide repeat domain; PPR repeat	pentatricopeptide repeat-containing protein At2g01390 GN = At2g01390/At2g01380 OS = *Arabidopsis thaliana* (mouse-ear cress) PE = 2 SV = 2	predicted: pentatricopeptide repeat-containing protein At2g01390-like [*Solanum lycopersicum*]

续表

序号	染色体	位置	参考基因组	突变位点	R01	R02	R03	R04	密码子改变
148	1号	2 516 011	A	C	C	A	M	A	CTACGA
149	1号	2 516 931	A	G	R	A	R	A	ATGACG
150	1号	2 543 567	T	G	K	T	K	T	CAACAC

序号	基因ID	Pfam 数据库注释	Swiss-Prot 数据库注释	NR 数据库注释
148	Solyc01g008493.1	—	nuclear transcription factor Y subunit A - 1 GN = T24H18_10 OS = Arabidopsis thaliana (mouse - ear cress) PE = 2 SV = 1	predicted: nuclear transcription factor Y subunit A - 1 [Solanum lycopersicum]
149	Solyc01g008493.1	—	nuclear transcription factor Y subunit A - 1 GN = T24H18_10 OS = Arabidopsis thaliana (mouse - ear cress) PE = 2 SV = 1	predicted: nuclear transcription factor Y subunit A - 1 [Solanum lycopersicum]
150	Solyc01g008497.1	protein kinase domain; protein tyrosine kinase	probable receptor - like protein kinase At1g67000 (Precursor) GN = At1g67000 OS = Arabidopsis thaliana (mouse - ear cress) PE = 2 SV = 2	predicted: probable receptor - like protein kinase At1g67000 isoform X1 [Solanum lycopersicum]

续表

序号	染色体	位置	参考基因组	突变位点	R01	R02	R03	R04	密码子改变
151	1号	2 543 773	A	G	R	A	R	A	TGCCGG
152	1号	2 547 720	A	T	W	A	W	A	GAGGTG
153	1号	2 548 340	T	C	Y	T	Y	T	TCACCA

序号	基因 ID	Pfam 数据库注释	Swiss - Prot 数据库注释	NR 数据库注释
151	Solyc01g 008497. 1	protein kinase domain; protein tyrosine kinase	probable receptor - like protein kinase At1g67000 (precursor) GN = At1g67000 OS = Arabidopsis thaliana (mouse - ear cress) PE = 2 SV = 2	predicted: probable receptor - like protein kinase At1g67000 isoform X1 [Solanum lycopersicum]
152	Solyc01g 008500. 3	protein kinase domain; protein tyrosine kinase	glycerophosphodiester phosphodiesterase protein kinase domain - containing GDPDL2 {ECO: 0000305} (precursor) OS = Arabidopsis thaliana (mouse - ear cress) PE = 1 SV = 1	predicted: probable receptor - like protein kinase At1g67000 [Solanum lycopersicum]
153	Solyc01g 008500. 3	protein kinase domain; protein tyrosine kinase	glycerophosphodiester phosphodiesterase protein kinase domain - containing GDPDL2 {ECO: 0000305} (precursor) OS = Arabidopsis thaliana (mouse - ear cress) PE = 1 SV = 1	predicted: probable receptor - like protein kinase At1g67000 [Solanum lycopersicum]

续表

序号	染色体	位置	参考基因组	突变位点	R01	R02	R03	R04	密码子改变
154	1号	2 553 175	C	T	Y	C	Y	C	GCTGTT
155	1号	2 559 386	G	A	R	G	R	G	AGTAAT
156	1号	2 563 847	A	C	M	A	M	A	CACCCC

序号	基因ID	Pfam 数据库注释	Swiss - Prot 数据库注释	NR 数据库注释
154	Solyc01g008510.3	—	photosystem II 5 kDa protein, chloroplastic (precursor) GN = PSBT OS = Gossypium hirsutum(upland cotton) PE = 4 SV = 1	predicted: photosystem II 5 kDa protein, chloroplastic - like [Solanum lycopersicum]
155	Solyc01g008520.3	—	DNA repair protein XRCC2 homolog GN = XRCC2 OS = Arabidopsis thaliana(mouse - ear cress) PE = 2 SV = 2	predicted: DNA repair protein XRCC2 homolog isoform X1 [Solanum lycopersicum]
156	Solyc01g008520.3	—	DNA repair protein XRCC2 homolog GN = XRCC2 OS = Arabidopsis thaliana(mouse - ear cress) PE = 2 SV = 2	predicted: DNA repair protein XRCC2 homolog isoform X1 [Solanum lycopersicum]

续表

序号	染色体	位置	参考基因组	突变位点	R01	R02	R03	R04	密码子改变
157	1号	2 583 343	G	C	S	G	G	G	CAAGAA
158	1号	2 604 434	G	A	R	G	R	G	ACAATA
159	1号	2 610 733	A	C	M	A	M	A	AAAAAC

序号	基因 ID	Pfam 数据库注释	Swiss-Prot 数据库注释	NR 数据库注释
157	*Solyc01g008550.4*	NAD dependent epimerase/dehydratase family; 3 – beta hydroxysteroid dehydrogenase/isomerase family; NADH(P) – binding; Male sterility protein; NmrA – like family; short chain dehydrogenase	Cinnamoyl – CoA reductase 1 GN = *T4D* 18.5 OS = *Arabidopsis thaliana* (mouse – ear cress) PE = 1 SV = 1	predicted: phenylacetaldehyde reductase isoform X1 [*Solanum lycopersicum*]
158	*Solyc01g008570.1*	protein tyrosine kinase; protein kinase domain	glycerophosphodiester phosphodiesterase protein kinase domain – containing GDPDL2 {ECO:0000305} (precursor) OS = *Arabidopsis thaliana* (mouse – ear cress) PE = 1 SV = 1	predicted: glycerophosphodiester phosphodiesterase protein kinase domain – containing GDPDL2 – like [*Solanum lycopersicum*]
159	*Solyc01g008590.1*	ZIP Zinc transporter	Zinc transporter 7 (precursor) GN = *ZIP7* OS = *Arabidopsis thaliana* (mouse – ear cress) PE = 2 SV = 1	predicted: zinc transporter 7 – like [*Solanum lycopersicum*]

续表

序号	染色体	位置	参考基因组	突变位点	R01	R02	R03	R04	密码子改变
160	1号	2 610 764	C	A	M	C	M	C	CAAAAA
161	1号	2 610 806	A	C	M	A	M	A	AAACAA
162	1号	2 622 215	G	C	S	G	S	S	GGTGCT

序号	基因 ID	Pfam 数据库注释	Swiss – Prot 数据库注释	NR 数据库注释
160	Solyc01g 008590.1	ZIP Zinc transporter	Zinc transporter 7 (precursor) GN = ZIP7 OS = Arabidopsis thaliana (mouse – ear cress) PE = 2 SV = 1	predicted: zinc transporter 7 – like [Solanum lycopersicum]
161	Solyc01g 008590.1	ZIP Zinc transporter	Zinc transporter 7 (precursor) GN = ZIP7 OS = Arabidopsis thaliana (mouse – ear cress) PE = 2 SV = 1	predicted: zinc transporter 7 – like [Solanum lycopersicum]
162	Solyc01g 008600.3	RNA recognition motif(a. k. a. RRM, RBD, or RNP domain); RNA recognition motif. (a. k. a. RRM, RBD, or RNP domain); Zinc finger C – x8 – C – x5 – C – x3 – H type(and similar)	Zinc finger CCCH domain – containing protein 53 GN = OSJNBa0008J01. 35 OS = Oryza sativa subsp. japonica(rice) PE = 2 SV = 1	predicted: zinc finger CCCH domain – containing protein 46 – like isoform X2 [Solanum lycopersicum]

续表

序号	染色体	位置	参考基因组	突变位点	R01	R02	R03	R04	密码子改变
163	1号	2 629 747	T	C	Y	T	Y	T	AATAGT
164	1号	2 635 132	A	G	R	A	R	R	CAACGA
165	1号	2 657 502	T	C	C	T	Y	Y	GAAGGA

序号	基因 ID	Pfam 数据库注释	Swiss-Prot 数据库注释	NR 数据库注释
163	*Solyc01g008610.3*	glycosyl hydrolases family 17	glucan endo-1,3-beta-glucosidase(precursor) GN = *SP41B* OS = *Nicotiana tabacum*(common tobacco) PE = 1 SV = 1	predicted: glucan endo-1,3-beta-glucosidase-like [*Solanum lycopersicum*]
164	*Solyc01g008620.3*	glycosyl hydrolases family 17	glucan endo-1,3-beta-glucosidase A (precursor) OS = *Solanum lycopersicum* (tomato) PE = 1 SV = 1	glucan endo-1,3-beta-glucosidase A precursor [*Solanum lycopersicum*]
165	*Solyc01g008660.3*	F-box domain; F-box-like	F-box protein CPR30 GN = *CPR30* OS = *Arabidopsis thaliana*(mouse-ear cress) PE = 1 SV = 2	predicted: F-box protein CPR30-like [*Solanum lycopersicum*]

续表

序号	染色体	位置	参考基因组	窦变位点	R01	R02	R03	R04	密码子改变
166	1号	2 657 580	G	A	A	G	R	R	CCTCTT
167	1号	2 664 780	C	A	M	C	M	C	AAGAAT
168	1号	2 664 787	G	T	K	G	K	G	GCTGAT
169	1号	2 664 851	T	C	Y	T	Y	Y	AAAGAA

序号	基因 ID	Pfam 数据库注释	Swiss-Prot 数据库注释	NR 数据库注释
166	Solyc01g008660.3	F - box domain; F - box - like	F - box protein CPR30 GN = CPR30 OS = Arabidopsis thaliana (mouse - ear cress) PE =1 SV =2	predicted: F - box protein CPR30 - like [Solanum lycopersicum]
167	Solyc01g008670.3	cytochrome P450	premnaspirodiene oxygenase GN = CYP71D55 OS = Hyoscyamus muticus (egyptian henbane) PE =1 SV =1	predicted: premnaspirodiene oxygenase - like [Solanum lycopersicum]
168	Solyc01g008670.3	cytochrome P450	premnaspirodiene oxygenase GN = CYP71D55 OS = Hyoscyamus muticus (egyptian henbane) PE =1 SV =1	predicted: premnaspirodiene oxygenase - like [Solanum lycopersicum]
169	Solyc01g008670.3	cytochrome P450	premnaspirodiene oxygenase GN = CYP71D55 OS = Hyoscyamus muticus (egyptian henbane) PE =1 SV =1	predicted: premnaspirodiene oxygenase - like [Solanum lycopersicum]

续表

序号	染色体	位置	参考基因组	突变位点	R01	R02	R03	R04	密码子改变
170	1号	2 664 913	A	G	R	A	R	A	ATAACA
171	1号	2 665 067	G	T	T	G	K	G	CTGATG
172	1号	2 665 100	C	T	T	C	Y	C	GATAAT
173	1号	2 665 133	C	T	Y	C	Y	C	CTGCATG

序号	基因 ID	Pfam 数据库注释	Swiss-Prot 数据库注释	NR 数据库注释
170	*Solyc01g008670.3*	cytochrome P450	premnaspirodiene oxygenase GN = *CYP71D55* OS = *Hyoscyamus muticus* (egyptian henbane) PE = 1 SV = 1	predicted: premnaspirodiene oxygenase – like [*Solanum lycopersicum*]
171	*Solyc01g008670.3*	cytochrome P450	premnaspirodiene oxygenase GN = *CYP71D55* OS = *Hyoscyamus muticus* (egyptian henbane) PE = 1 SV = 1	predicted: premnaspirodiene oxygenase – like [*Solanum lycopersicum*]
172	*Solyc01g008670.3*	cytochrome P450	premnaspirodiene oxygenase GN = *CYP71D55* OS = *Hyoscyamus muticus* (egyptian henbane) PE = 1 SV = 1	predicted: premnaspirodiene oxygenase – like [*Solanum lycopersicum*]
173	*Solyc01g008670.3*	cytochrome P450	premnaspirodiene oxygenase GN = *CYP71D55* OS = *Hyoscyamus muticus* (egyptian henbane) PE = 1 SV = 1	predicted: premnaspirodiene oxygenase – like [*Solanum lycopersicum*]

续表

序号	染色体	位置	参考基因组	突变位点	R01	R02	R03	R04	密码子改变
174	1号	2 665 205	C	T	Y	C	Y	C	GTTATT
175	1号	2 665 285	T	C	Y	T	Y	T	AAGAGG
176	1号	2 665 339	C	G	S	C	S	C	GGGGCG
177	1号	2 665 347	C	T	Y	C	Y	C	ATGATA

序号	基因 ID	Pfam 数据库注释	Swiss-Prot 数据库注释	NR 数据库注释
174	Solyc01g008670. 3	cytochrome P450	premnaspirodiene oxygenase GN = CYP71D55 OS = Hyoscyamus muticus (egyptian henbane) PE = 1 SV = 1	predicted: premnaspirodiene oxygenase - like [Solanum lycopersicum]
175	Solyc01g008670. 3	cytochrome P450	premnaspirodiene oxygenase GN = CYP71D55 OS = Hyoscyamus muticus (egyptian henbane) PE = 1 SV = 1	predicted: premnaspirodiene oxygenase - like [Solanum lycopersicum]
176	Solyc01g008670. 3	cytochrome P450	premnaspirodiene oxygenase GN = CYP71D55 OS = Hyoscyamus muticus (egyptian henbane) PE = 1 SV = 1	predicted: premnaspirodiene oxygenase - like [Solanum lycopersicum]
177	Solyc01g008670. 3	cytochrome P450	premnaspirodiene oxygenase GN = CYP71D55 OS = Hyoscyamus muticus (egyptian henbane) PE = 1 SV = 1	predicted: premnaspirodiene oxygenase - like [Solanum lycopersicum]

续表

序号	染色体	位置	参考基因组	突变位点	R01	R02	R03	R04	密码子改变
178	1号	2 666 854	C	A	A	C	M	C	TTGTTT
179	1号	2 666 875	A	T	W	A	W	A	AGTAGA
180	1号	2 666 907	C	G	G	C	S	C	GGACGA
181	1号	2 666 954	G	A	R	G	R	G	GCCGTC

序号	基因ID	Pfam 数据库注释	Swiss-Prot 数据库注释	NR 数据库注释
178	Solyc01g008670.3	cytochrome P450	premnaspirodiene oxygenase GN = *CYP71D55* OS = *Hyoscyamus muticus*(egyptian henbane) PE = 1 SV = 1	predicted: premnaspirodiene oxygenase – like [*Solanum lycopersicum*]
179	Solyc01g008670.3	cytochrome P450	premnaspirodiene oxygenase GN = *CYP71D55* OS = *Hyoscyamus muticus*(egyptian henbane) PE = 1 SV = 1	predicted: premnaspirodiene oxygenase – like [*Solanum lycopersicum*]
180	Solyc01g008670.3	cytochrome P450	premnaspirodiene oxygenase GN = *CYP71D55* OS = *Hyoscyamus muticus*(egyptian henbane) PE = 1 SV = 1	predicted: premnaspirodiene oxygenase – like [*Solanum lycopersicum*]
181	Solyc01g008670.3	cytochrome P450	premnaspirodiene oxygenase GN = *CYP71D55* OS = *Hyoscyamus muticus*(egyptian henbane) PE = 1 SV = 1	predicted: premnaspirodiene oxygenase – like [*Solanum lycopersicum*]

续表

序号	染色体	位置	参考基因组	突变位点	R01	R02	R03	R04	密码子改变
182	1号	2 667 054	T	C	Y	T	Y	T	AAAGAA
183	1号	2 667 122	A	G	R	A	R	A	GTAGCA
184	1号	2 667 271	A	C	C	A	M	A	TTTTTG
185	1号	2 667 330	C	T	Y	C	Y	C	GTTATT

序号	基因 ID	Pfam 数据库注释	Swiss – Prot 数据库注释	NR 数据库注释
182	*Solyc01g008670. 3*	cytochrome P450	premnaspirodiene oxygenase GN = *CYP71D55* OS = *Hyoscyamus muticus*（egyptian henbane）PE = 1 SV = 1	predicted: premnaspirodiene oxy-genase – like［*Solanum lycopersicum*］
183	*Solyc01g008670. 3*	cytochrome P450	premnaspirodiene oxygenase GN = *CYP71D55* OS = *Hyoscyamus muticus*（egyptian henbane）PE = 1 SV = 1	predicted: premnaspirodiene oxy-genase – like［*Solanum lycopersicum*］
184	*Solyc01g008670. 3*	cytochrome P450	premnaspirodiene oxygenase GN = *CYP71D55* OS = *Hyoscyamus muticus*（egyptian henbane）PE = 1 SV = 1	predicted: premnaspirodiene oxy-genase – like［*Solanum lycopersicum*］
185	*Solyc01g008670. 3*	cytochrome P450	premnaspirodiene oxygenase GN = *CYP71D55* OS = *Hyoscyamus muticus*（egyptian henbane）PE = 1 SV = 1	predicted: premnaspirodiene oxy-genase – like［*Solanum lycopersicum*］

续表

序号	染色体	位置	参考基因组	突变位点	R01	R02	R03	R04	密码子改变
186	1号	2 667 372	G	A	A	G	R	G	CTTTTT
187	1号	2 667 383	A	G	G	A	R	A	TTTTCT
188	1号	2 667 620	T	A	A	T	W	T	AATATT
189	1号	2 695 991	G	A	G	A	G	A	TGCTAC

序号	基因 ID	Pfam 数据库注释	Swiss – Prot 数据库注释	NR 数据库注释
186	Solyc01g008670. 3	cytochrome P450	premnaspirodiene oxygenase GN = *CYP71D55* OS = *Hyoscyamus muticus* (egyptian henbane) PE = 1 SV = 1	predicted: premnaspirodiene oxygenase – like [*Solanum lycopersicum*]
187	Solyc01g008670. 3	cytochrome P450	premnaspirodiene oxygenase GN = *CYP71D55* OS = *Hyoscyamus muticus* (egyptian henbane) PE = 1 SV = 1	predicted: premnaspirodiene oxygenase – like [*Solanum lycopersicum*]
188	Solyc01g008670. 3	cytochrome P450	premnaspirodiene oxygenase GN = *CYP71D55* OS = *Hyoscyamus muticus* (egyptian henbane) PE = 1 SV = 1	predicted: premnaspirodiene oxygenase – like [*Solanum lycopersicum*]
189	Solyc01g008720. 2	cellulase (glycosyl hydrolase family 5); sugar – binding cellulase – like	mannan endo – 1, 4 – beta – mannosidase 4 (precursor) GN = *MAN4* OS = *Solanum lycopersicum* (tomato) PE = 1 SV = 2	predicted: mannan endo – 1, 4 – beta – mannosidase 4 – like [*Solanum lycopersicum*]

续表

序号	染色体	位置	参考基因组	突变位点	R01	R02	R03	R04	密码子改变
190	1号	2 713 732	G	A	G	A	G	A	GATAAT
191	1号	2 767 014	C	T	C	T	Y	Y	AGCAAC
192	1号	2 767 493	C	A	C	A	M	M	GAGGAT

序号	基因 ID	Pfam 数据库注释	Swiss – Prot 数据库注释	NR 数据库注释
190	Solyc01g008740.2	protein kinase domain; EF hand; EF – hand domain pair; protein tyrosine kinase; EF – hand domain pair; EF – hand domain; EF hand; cytoskeletal – regulatory complex EF hand; kinase – like; secreted protein acidic and rich in cysteine Ca binding region	calcium – dependent protein kinase 17 GN = CPK17 OS = Arabidopsis thaliana (mouse – ear cress) PE = 2 SV = 1	predicted: calcium – dependent protein kinase 34 – like ［ Solanum lycopersicum］
191	Solyc01g008800.2	NB – ARC domain; TIR domain; leucine rich re- peats(2 copies); leucine rich repeat; leucine rich repeat; TIR domain; ring finger domain; Zinc finger, C3HC4 type(RING finger)	TMV resistance protein N GN = N OS = Nicotiana glutinosa (tobacco) PE = 1 SV = 1	predicted: TMV resis- tance protein N – like ［Solanum lycopersicum］
192	Solyc01g008800.2	NB – ARC domain; TIR domain; leucine rich re- peats(2 copies); leucine rich repeat; leucine rich repeat; TIR domain; ring finger domain; Zinc finger, C3HC4 type(RING finger)	TMV resistance protein N GN = N OS = Nicotiana glutinosa (tobacco) PE = 1 SV = 1	predicted: TMV resis- tance protein N – like ［Solanum lycopersicum］

续表

序号	染色体	位置	参考基因组	突变位点	R01	R02	R03	R04	密码子改变
193	1号	2 769 170	C	T	C	T	Y	T	GCTACT
194	1号	2 771 725	G	T	G	T	G	K	CAAAAA
195	1号	2 972 744	C	G	G	C	S	C	CATGAT

序号	基因 ID	Pfam 数据库注释	Swiss-Prot 数据库注释	NR 数据库注释
193	*Solyc01g008800.2*	NB – ARC domain; TIR domain; leucine rich repeats(2 copies); leucine rich repeat; leucine rich repeat; TIR domain; ring finger domain; Zinc finger,C3HC4 type(RING finger)	TMV resistance protein N GN = N OS = *Nicotiana glutinosa*(tobacco) PE = 1 SV = 1	predicted: TMV resistance protein N – like [*Solanum lycopersicum*]
194	*Solyc01g008800.2*	NB – ARC domain; TIR domain; leucine rich repeats(2 copies); leucine rich repeat; leucine rich repeat; TIR domain; ring finger domain; Zinc finger,C3HC4 type(RING finger)	TMV resistance protein N GN = N OS = *Nicotiana glutinosa*(tobacco) PE = 1 SV = 1	predicted: TMV resistance protein N – like [*Solanum lycopersicum*]
195	*Solyc01g009030.3*	ATP synthase regulation protein NCA2	—	predicted: uncharacterized protein LOC101253612 [*Solanum lycopersicum*]

续表

序号	染色体	位置	参考基因组	突变位点	R01	R02	R03	R04	密码子改变
196	1号	3 098 516	C	G	C	S	C	S	AACAAG
197	1号	3 098 994	G	T	G	K	G	K	TTGTTT
198	1号	3 099 025	G	A	G	R	G	R	GAAAAA

序号	基因 ID	Pfam 数据库注释	Swiss-Prot 数据库注释	NR 数据库注释
196	Solyc01g009140.1	—	endoribonuclease dicer homolog 2 GN = At3g03300 OS = Arabidopsis thaliana (mouse-ear cress) PE = 1 SV = 2	predicted: low quality protein: endoribonuclease dicer homolog 2 – like [Solanum lycopersicum]
197	Solyc01g009140.1	—	endoribonuclease dicer homolog 2 GN = At3g03300 OS = Arabidopsis thaliana (mouse-ear cress) PE = 1 SV = 2	predicted: low quality protein: endoribonuclease dicer homolog 2 – like [Solanum lycopersicum]
198	Solyc01g009140.1	—	endoribonuclease dicer homolog 2 GN = At3g03300 OS = Arabidopsis thaliana (mouse-ear cress) PE = 1 SV = 2	predicted: low quality protein: endoribonuclease dicer homolog 2 – like [Solanum lycopersicum]

续表

序号	染色体	位置	参考基因组	突变位点	R01	R02	R03	R04	密码子改变
199	1号	3 099 113	A	G	A	R	A	R	AACAGC
200	1号	3 099 124	T	C	T	Y	Y	Y	TTTCTT
201	1号	3 099 175	G	A	G	R	G	R	GAGAAG

序号	基因 ID	Pfam 数据库注释	Swiss-Prot 数据库注释	NR 数据库注释
199	*Solyc01g* 009140.1	—	endoribonuclease dicer homolog 2 GN = At3g03300 OS = *Arabidopsis thaliana* (mouse - ear cress) PE = 1 SV = 2	predicted: low quality protein: endoribonuclease dicer homolog 2 - like [*Solanum lycopersicum*]
200	*Solyc01g* 009140.1	—	endoribonuclease dicer homolog 2 GN = At3g03300 OS = *Arabidopsis thaliana* (mouse - ear cress) PE = 1 SV = 2	predicted: low quality protein: endoribonuclease dicer homolog 2 - like [*Solanum lycopersicum*]
201	*Solyc01g* 009140.1	—	endoribonuclease dicer homolog 2 GN = At3g03300 OS = *Arabidopsis thaliana* (mouse - ear cress) PE = 1 SV = 2	predicted: low quality protein: endoribonuclease dicer homolog 2 - like [*Solanum lycopersicum*]

续表

序号	染色体	位置	参考基因组	突变位点	R01	R02	R03	R04	密码子改变
202	1号	3 100 902	C	A	C	M	M	M	CTGATG
203	1号	3 100 923	G	T	G	K	K	K	GCTTCT
204	1号	3 100 941	C	T	C	Y	Y	Y	CATTAT

序号	基因 ID	Pfam 数据库注释	Swiss–Prot 数据库注释	NR 数据库注释
202	Solyc01g 009150.3	—	—	predicted: uncharacterized protein LOC101251210 [Solanum lycopersicum]
203	Solyc01g 009150.3	—	—	predicted: uncharacterized protein LOC101251210 [Solanum lycopersicum]
204	Solyc01g 009150.3	—	—	predicted: uncharacterized protein LOC101251210 [Solanum lycopersicum]

注：R01 为 Ontario 792，R02 为 Money Maker，R03 为抗病池，R04 为感病池。

参考文献

[1] ZHAO T T, LIU G, LI S, et al. Differentially expressed gene transcripts related to the *Cf* – 19 – mediated resistance response to *Cladosporium fulvum* infection in tomato[J]. Physiological Molecular Plant Pathology, 2015, 89: 8 – 15.

[2] 周勇. 番茄叶霉病的发生规律与防治现状[J]. 北京农业, 2012(33): 64 – 66.

[3] 王晓艳. 番茄叶霉病的抗性遗传研究[D]. 杭州: 浙江大学, 2008.

[4] 李明桃. 番茄叶霉病的发生规律及防治技术[J]. 南方农业, 2014, 8 (19): 14 – 16.

[5] 洪瑞, 李景富. 番茄叶霉病生理小种研究进展[J]. 东北农业大学学报, 2010, 41(2): 143 – 147.

[6] LI S, ZHAO T T, LI H J, et al. First report of races 2. 5 and 2. 4. 5 of *Cladosporium fulvum* (syn. *Passalora fulva*), causal fungus of tomato leaf mold disease in China[J]. Journal of General Plant Pathology, 2015, 81 (2): 162 – 165.

[7] 孙慧杰. 番茄斑枯病与叶霉病的发生与防治[J]. 青海农林科技, 2014 (2): 69 – 70.

[8] DE WIT P J G M, HOFMAN A E, VELTHUIS G C M, et al. Specificity of active defence responses in plant – fungus interactions: tomato – *Cladosporium*

fulvum a case study [J]. Plant Physiology and Biochemistry, 1987, 25: 345 – 351.

[9] BOND T E T. Infection experiments with *Cladosporium fulvum*, cooke and related species[J]. Annals of Applied Biology, 1938, 25(2): 277 – 307.

[10] DE WIT P J G M. A light and scanning electron – microscopic study of infection of tomato plants by virulent and avirulent races of *Cladosporium fulvum* [J]. Netherlands Journal of Plant Pathology, 1977, 83 (3): 109 – 122.

[11] HIGGINS V J, LAZAROVITS G. Histological comparison of *Cladosporium fulvum* race 1 on immune, resistant, and susceptible tomato varieties[J]. Canadian Journal of Botany, 1976, 54: 224 – 234.

[12] HIGGINS V J, LAZAROVITS G. Ultrastructure of susceptible, resistant, and immune reactions of tomato to races of *Cladosporium fulvum* [J]. Canadian Journal of Botany, 1976, 54: 235 – 249.

[13] RIVAS S, THOMAS C M. Molecular interactions between tomato and the leaf mold pathogen *Cladosporium fulvum* [J]. Annual Review of Phytopathology, 2005, 43(1): 395 – 436.

[14] DE WIT P J G M, KODDE E. Induction of polyacetylenic phytoalexins in *Lycopersicon esculentum*, after inoculation with *Cladosporium fulvum* (syn. *Fulvia fulva*)[J]. Physiologial Plant Pathology, 1981, 18(2): 143 – 148.

[15] DE WIT P J G M, FLACH W. Differential accumulation of phytoalexins in tomato leaves but not in fruits after inoculation with virulent and avirulent races of *Cladosporium fulvum*[J]. Physiological Plant Pathology, 1979, 15 (3): 257 – 267.

[16] JOOSTEN M, DE WIT P J G M. The tomato *Cladosporium fulvum* interaction: a versatile experimental system to study plant – pathogen interactions [J]. Annual Review of Phytopathology, 1999, 37 (1): 335 – 367.

[17] HONÉE G. Engineered resistance against fungal plant pathogens [J]. European Journal of Plant Pathology, 1999, 105(4): 319 – 326.

[18] 王钧. 植物抗病研究的进展[J]. 植物生理学通讯, 1995(4): 312 - 317.

[19] 蔡新忠, 郑重. 水杨酸在植物抗病反应中的作用[J]. 植物生理学通讯, 1998(4): 297 - 304.

[20] 蔡新忠, 郑重, 徐幼平. 叶霉菌非亲和小种对番茄系统抗性的诱导及植株内水杨酸动态[J]. 植物病理学报, 1999(3): 261 - 264.

[21] 蔡新忠, 徐幼平, 郑重. 植物病原物无毒基因及其功能[J]. 生物工程学报, 2002, 18(1): 5 - 9.

[22] 王长春, 蔡新忠, 徐幼平. 番茄与叶霉菌互作的分子机理[J]. 植物病理学报, 2006(5): 385 - 391.

[23] MESARICH C H, GRIFFITHS S A, VAN DER B A, et al. Transcriptome sequencing uncovers the *Avr*5 *avirulence* gene of the tomato leaf mold pathogen *Cladosporium fulvum*[J]. Molecular Plant - Microbe Interactions, 2014, 27(8): 846 - 857.

[24] 叶青静, 杨悦俭, 王荣青, 等. 番茄抗叶霉病基因及分子育种的研究进展[J]. 分子植物育种, 2004, 2(3): 313 - 320.

[25] 芦丽亚, 杨宁, 赵凌侠. 番茄叶霉菌及番茄抗性基因分子生物学研究进展[J]. 园艺学报, 2009, 36(6): 911 - 922.

[26] LAUGÉ R, JOOSTEN M H A J, ACKERVEKEN V D, et al. The in planta - produced extracellular proteins ECP1 and ECP2 of *Cladosporium fulvum* are virulence factors[J]. Molecular Plant - Microbe Interactions, 1997, 10(6): 725 - 734.

[27] YUAN Y N, HAANSTRA J, LINDHOUT P, et al. The *Cladosporium fulvum* resistance gene *Cf* - *ECP*3 is part of the orion cluster on the short arm of tomato chromosome 1[J]. Molecular Breeding, 2002, 10(1 - 2): 45 - 50.

[28] SOUMPOUROU E, IAKOVIDIS M, CHARTRAIN L, et al. The *Solanum pimpinellifolium Cf* - *ECP*1 and *Cf* - *ECP*4 genes for resistance to *Cladosporium fulvum* are located at the Milky Way locus on the short arm of chromosome 1 [J]. Theoretical & Applied Genetics, 2007, 115 (8): 1127 - 1136.

[29] HAANSTRA J P W, MEIJER - DEKENS F, LAUGÉ R, et al. Mapping

strategy for resistance against *Cladosporium fulvum* on the short arm of chromosome 1 of tomato: *Cf – ECP*5 near the *Hcr*9 Milky Way cluster[J]. Theoretical and Applied Genetics, 2000,101(4): 661 –668.

[30] DE JONGE R, VAN ESSE H P, KOMBRINK A, et al. Conserved fungal LysM effector Ecp6 prevents chitin – triggered immunity in plants [J]. Science, 2010, 329(5994): 953 –955.

[31] ZHU J W, XU Y P, ZHANG Z X, et al. Transcript profiling for *Avr*4/*Cf –* 4 – and *Avr*9/*Cf –* 9 – dependent defence gene expression [J]. European Journal of Plant Pathology, 2009, 122(2): 307 –314.

[32] TAKKEN F L, LUDERER R, GABRILS S H, et al. A functional cloning strategy, based on a binary PVX – expression vector, to isolate HR – inducing cDNAs of plant pathogens[J]. Plant Journal for Cell and Molecular Biology, 2000, 24(2): 275 –283.

[33] VAN DEN HOOVEN H W, VAN DEN BURG H A, VOSSEN P, et al. Disulfide bond structure of the *AVR*9 elicitor of the fungal tomato pathogen *Cladosporium fulvum*: evidence for a cystine knot[J]. Biochemistry, 2001, 40(12): 3458 –3466.

[34] KOOMAN – GERSMANN M, VOGELSANG R, HOOGENDIJK E C, et al. Assignment of amino acid residues of the AVR9 peptide of *Cladosporium fulvum* that determine elicitor activity [J]. Molecular Plant – Microbe Interactions, 1997, 10(7): 821 –829.

[35] JOOSTEN M H A J, VOGELSANG R, COZIJNSEN T J, et al. The biotrophic fungus *Cladosporium fulvum* circumvents *Cf – 4 –* mediated resistance by producing unstable *AVR*4 elicitors[J]. Plant Cell, 1997, 9 (3): 367 –379.

[36] 洪薇. 番茄抗叶霉病分子机理及抗病相关基因分离技术体系的建立 [D]. 杭州: 浙江大学, 2007.

[37] 刘庆. 番茄 *Cf – 4/Avr*4 互作系统中信号传导基因的克隆与功能分析 [D]. 北京: 中国农业科学院, 2005.

[38] 徐秋芳. 番茄 *Cf – 4* 和 *Cf – 9* 基因介导的过敏性反应调控基因的筛选和

鉴定[D]. 杭州：浙江大学，2009.

[39]KANWAR J S, HARNEY P M, KERR E A. Allelic relationships of genes for resistance to tomato leaf mold, *Cladosporium fulvum* Cke [J]. HortScience, 1980, 15(3): 418.

[40]HAANSTRA J P, LAUGÉ R, MEIJER – DEKENS F, et al. The *Cf – ECP2* gene is linked to, but not part of, the *Cf – 4/Cf – 9* cluster on the short arm of chromosome 1 in tomato[J]. Molecular & General Genetics, 1999, 262 (4 –5): 839 –845.

[41]赵凌侠，李景富，许向阳. 类番茄茄(*Solanum lycopersicoides*)的研究进展 [J]. 园艺学报，2000，27: 492 –496.

[42]ELLIOTT K J, BUTLER W O, DICKINSON C D, et al. Isolation and characterization of fruit vacuolar invertase genes from two tomato species and temporal differences in mRNA levels during fruit ripening [J]. Plant Molecular Biology, 1993, 21(3): 515 –524.

[43]LINDHOUT P, KORTA W, CISLIK M, et al. Further identification of races of *Cladosporium fulvum* (*Fulvia fulva*) on tomato originating from the Netherlands France and Poland[J]. Netherlands Journal of Plant Pathology, 1989, 95(3): 143 –148.

[44]GERLAGH M, LINDHOUT W H, VOS I. Allelic test proves genes *Cf4*, and *Cf8* for resistance to *Cladosporium fulvum* (*Fulvia fulva*) on tomato to be undistinguishable [J]. Netherlands Journal of Plant Pathology, 1989, 95 (6): 357 –359.

[45]HAANSTRA J. Characterization of resistance genes to *Cladosporium fulvum* on the short arm of chromosome 1 of tomato[D]. Nederland: Wageningen Universiteit, 2000.

[46]JONES D A, THOMAS C M, HAMMOND – KOSACK K E, et al. Isolation of the tomato *Cf – 9* gene for resistance to *Cladosporium fulvum* by transposon tagging[J]. Science, 1994, 266(5186): 789 –793.

[47]JONES D A, DICKINSON M J, BALINT – KURTI P J. Two complex resistance loci revealed in tomato by classical and RFLP mapping of the *Cf –*

2, *Cf* – 4, *Cf* – 5, *and Cf* – 9 genes for resistance to *Cladosporium fulvum* [J]. Molecular Plant – Microbe Interactions, 1993, 6(3): 348 – 357.

[48] BALINT – KURTI P J, DIXON M S, JONES D A, et al. RFLP linkage analysis of the *Cf* – 4 and *Cf* – 9 genes for resistance to *Cladosporium fulvum* in tomato [J]. Theoretical and Applied Genetics, 1994, 88 (6 – 7): 691 – 700.

[49] LANGFORD A N. Autogenous necrosis in tomatoes immune from *Cladosporium fulvum* Cooke [J]. Canadian Journal of Research, 1948, 26 (1): 35 – 64.

[50] WANG A X, MENG F J, XU X Y, et al. Development of molecular markers linked to *Cladosporium fulvum* resistant gene *Cf* – 6 in tomato by RAPD and SSR methods [J]. HortScience, 2007, 42(1): 11 – 15.

[51] 许向阳. 番茄叶霉病抗病基因 *Cf* – 11、*Cf* – 19 的分子标记研究[D]. 哈尔滨: 东北农业大学, 2007.

[52] 李文枫. 番茄抗叶霉病基因 *Cf*11 的 AFLP 分子标记及种质资源筛选 [D]. 哈尔滨: 东北农业大学, 2008.

[53] 赵婷婷, 宋宁宁, 姜景彬, 等. 番茄抗叶霉病基因 *Cf*12 的分子标记筛选及种质资源鉴定[J]. 园艺学报, 2012, 39(5): 985 – 991.

[54] 徐艳辉. 番茄抗叶霉病基因 *Cf* – 19 的 AFLP 分子标记及种质资源筛选 [D]. 哈尔滨: 东北农业大学, 2007.

[55] ZHAO T T, JIANG J B, GUAN L, et al. Mapping and candidate gene screening of tomato *Cladosporium fulvum* – resistant gene *Cf* – 19, based on high – throughput sequencing technology[J]. BMC Plant Biology, 2016, 16 (1): 51.

[56] 李宁, 许向阳, 姜景彬, 等. 番茄抗叶霉病基因 *Cf* – 10 和 *Cf* – 16 的遗传分析及 SSR 标记[J]. 东北农业大学学报, 2012, 43(1): 88 – 92.

[57] PARNISKE M, HAMMOND – KOSACK K E, GOLSTEIN C, et al. Novel disease resistance specificities result from sequence exchange between tandemly repeated genes at the *Cf* – 4/9 locus of tomato[J]. Cell, 1997, 91 (6): 821 – 832.

[58] 张祥喜, 罗林广. 植物抗病基因研究进展[J]. 分子植物育种, 2003, 1 (4): 531 - 537.

[59] HELDIN C H. Dimerization of cell surface receptors in signal transduction [J]. Cell, 1995, 80(2): 213 - 223.

[60] DE Kock M J D, Brandwagt B F, Bonnema G, et al. The tomato ORION locus comprises an unique class of *Hcr*9 genes[J]. Molecular Breeding, 2006, 15(4): 409 - 422.

[61] 李宁. 番茄叶霉病抗病基因 *Cf* - 10 和 *Cf* - 16 分子标记的研究及抗性种质资源的筛选[D]. 哈尔滨: 东北农业大学, 2010.

[62] JONES J D G, DANGL J L. The plant immune system[J]. Nature, 2006, 444(7117): 323 - 329.

[63] 陈英, 谭碧玥, 黄敏仁. 植物天然免疫系统研究进展[J]. 南京林业大学学报(自然科学版), 2012, 36(1): 129 - 136.

[64] THOMMA B P H J, NüRNBERGER T, JOOSTEN M H A J. Of PAMPs and effectors: the blurred PTI - ETI dichotomy[J]. Plant Cell, 2011, 23(1): 4 - 15.

[65] 李文. *Cf* 介导的 ETI 和针对稻白叶枯病菌的非寄主抗性的分子调控机理[D]. 杭州: 浙江大学, 2015.

[66] 毕国志. 类受体激酶 SOBIR1 互作蛋白的鉴定及功能分析[D]. 哈尔滨: 东北农业大学, 2015.

[67] ROMEIS T, LUDWIG A A, MARTIN R, et al. Calcium - dependent protein kinases play an essential role in a plant defence response[J]. EMBO Journal, 2001, 20(20): 5556 - 5567.

[68] PEART J R, LU R, SADANANDOM A, et al. Ubiquitin ligase - associated protein SGT1 is required for host and nonhost disease resistance in plants [J]. Proceedings of the National Academy of Sciences of the United States of America, 2002, 99(16): 10865 - 10869.

[69] THOMMA B P H J, H, VAN ESSE H P, CROUS P W, et al. *Cladosporium fulvum* (syn. *Passalora fulva*), a highly specialized plant pathogen as a model for functional studies on plant pathogenic Mycosphaerellaceae[J].

Molecular Plant Pathology, 2006, 6(4): 379 - 393.

[70] BRUNO V M, WANG Z, MARJANI S L, et al. Comprehensive annotation of the transcriptome of the human fungal pathogen Candida albicans using RNA - seq[J]. Genome Research, 2010, 20(10): 1451 - 1458.

[71] SEVERIN A J, WOODY J L, BOLON Y T, et al. RNA - Seq atlas of Glycine max: a guide to the soybean transcriptome[J]. BMC Plant Biology, 2010, 10(1): 160.

[72] CAMARENA L, BRUNO V, EUSKIRCHEN G, et al. Molecular mechanisms of ethanol - induced pathogenesis revealed by RNA - sequencing [J]. PLoS Pathogens, 2010, 6(4): 1257 - 1262.

[73] ZENONI S, FERRARINI A, GIACOMELLI E, et al. Characterization of transcriptional complexity during berry development in Vitis vinifera using RNA - Seq[J]. Plant Physiology, 2010, 152(4): 1787 - 1795.

[74] VELCULESCU V E, ZHANG L, ZHOU W, et al. Characterization of the yeast transcriptome[J]. Cell, 1997, 88(2): 243 - 251.

[75] 祁云霞, 刘永斌, 荣威恒. 转录组研究新技术: RNA - Seq 及其应用 [J]. 遗传, 2011, 33(11): 1191 - 1202.

[76] 王平勇. 辣椒抗疫病基因的定位及相关基因的克隆与功能分析[D]. 北京: 中国农业大学, 2016.

[77] WEI C H, CHEN J J, KUANG H H. Dramatic number variation of R genes in solanaceae species accounted for by a few R gene subfamilies[J]. PLoS ONE, 2016, 11(2): e0148708.

[78] LIU H, OUYANG B, ZHANG J H, et al. Differential modulation of photosynthesis, signaling, and transcriptional regulation between tolerant and sensitive tomato genotypes under cold stress[J]. PLoS ONE, 2012, 7(11): e50785.

[79] CHEN H Y, CHEN X L, CHEN D, et al. A comparison of the low temperature transcriptomes of two tomato genotypes that differ in freezing tolerance: Solanum lycopersicum and Solanum habrochaites[J]. BMC Plant Biology, 2015, 15(1): 132 - 147.

[80]黄小花, 许锋, 程华, 等. 转录组测序在高等植物中的研究进展[J]. 黄冈师范学院学报, 2014, 34(6): 28 - 35.

[81]KOENIG D, JIMÉNEZ - GÓMEZ J M, KIMURA S, et al. Comparative transcriptomics reveals patterns of selection in domesticated and wild tomato [J]. Proceedings of the National Academy of Sciences of the United States of America, 2013, 110(28): E2655 - E2662.

[82]CONSORTIUM T T G. The tomato genome sequence provides insights into fleshy fruit evolution[J]. Nature, 2012, 485(7400): 635 - 641.

[83]LIN T, ZHU G T, ZHANG J H, et al. Genomic analyses provide insights into the history of tomato breeding[J]. Nature Genetics, 2014, 46(11): 1220 - 1266.

[84]TIEMAN D, ZHU G T, MARCIO R M, et al. A chemical genetic roadmap to improved tomato flavor[J]. Science, 2017, 355(6323): 391.

[85]郭仰东, 连蔚然, 徐风凤, 等. 蔬菜抗病分子标记研究进展[J]. 中国农业大学学报, 2015, 20(2): 77 - 85.

[86]PIETER V, RENE H, MARTIN R, et al. AFLP: a new technique for DNA fingerprinting[J]. Nucleic Acids Research, 1995, 23(21): 4407 - 4414.

[87]杨子博, 顾正中, 周羊梅, 等. 江苏淮北地区小麦品种资源籽粒硬度基因等位变异的 KASP 检测[J]. 麦类作物学报, 2017, 37(2): 153 - 161.

[88]HANSON P, LU S F, WANG J F, et al. Conventional and molecular marker - assisted selection and pyramiding of genes for multiple disease resistance in tomato[J]. Scientia Horticulturae, 2016, 201: 346 - 354.

[89]HAI T H T, TRAN H N, CHOI H S, et al. Development of a co - dominant SCAR marker linked to the *Ph* - 3 gene for *Phytophthora infestans* resistance in tomato (*Solanum lycopersicum*)[J]. European Journal of Plant Pathology, 2013, 136(2): 237 - 245.

[90]吴媛媛, 李海涛, 张子君, 等. 番茄抗病基因分子标记研究进展[J]. 贵州农业科学, 2010, 38(2): 27 - 31.

[91]OHMORI T, MURATA M, MOTOYOSHI F. Identification of RAPD markers linked to the *Tm* - 2, locus in tomato[J]. Theoretical & Applied Genetics,

1995, 90(3 – 4): 307 – 311.

[92] OHMORI T, MURATA M, MOTOYOSHI F. Molecular characterization of RAPD and SCAR markers linked to the *Tm* – 1 locus in tomato [J]. Theoretical & Applied Genetics, 1996, 92(2): 151 – 156.

[93] RICCIARDI L, LOTTI C, PAVAN S, et al. Further isolation of AFLP and LMS markers for the mapping of the *Ol* – 2 locus, related to powdery mildew (*Oidium neolycopersici*) resistance in tomato (*Solanum lycopersicum* L.) [J]. Plant Science, 2007, 172(4): 746 – 755.

[94] HE C L, POYSA V, YU K F, et al. Inheritance of resistance to powdery mildew (*Oidium lycopersicum*) and its linkage to an SSR marker in tomato hybrid DRW4409 [J]. Canadian Journal of Plant Science, 2010, 90(6): 803 – 807.

[95] 李桂英, 李景富, 李永镐, 等. 东北三省番茄叶霉病生理小种分化的初步研究[J]. 东北农业大学学报, 1994(2): 122 – 125.

[96] 刘冠, 赵婷婷, 薛东齐, 等. 番茄抗叶霉病的生理指标分析[J]. 江苏农业科学, 2016, 44(9): 133 – 138.

[97] LLUGANY M, MARTIN S R, BARCELÓ J, et al. Endogenous jasmonic and salicylic acids levels in the Cd – hyperaccumulator *Noccaea* (*Thlaspi*) praecox exposed to fungal infection and/or mechanical stress[J]. Plant Cell Reports, 2013, 32(8): 1243 – 1249.

[98] LAM E, KATO N, LAWTON M. Programmed cell death, mitochondria and the plant hypersensitive response [J]. Nature, 2001, 411 (6839): 848 – 853.

[99] VERA – ESTRELLA R, BLUMWALD E, HIGGINS V J. Effect of specific elicitors of *Cladosporium fulvum* on tomato suspension cells: evidence for the involvement of active oxygen species[J]. Plant Physiology, 1992, 99(3): 1208 – 1215.

[100] 傅爱根, 罗广华, 王爱国. 活性氧在植物抗病反应中的作用[J]. 热带亚热带植物学报, 2000, 8(1): 70 – 80.

[101] 丁永强, 张鼎宇, 尹国英, 等. 植物病原菌效应蛋白与茉莉素信号途径

互作的研究进展[J]. 植物生理学报, 2016(6): 828 - 834.

[102] HILL J T, DEMAREST B L, BISGROVE B W. MMAPPR: mutation mapping analysis pipeline for pooled RNA - seq[J]. Genome Research, 2013, 23(4): 687 - 697.

[103] EWING B, HILLIER L D, WENDL M C, et al. Base - calling of automated sequencer traces using phred. I. accuracy assessment [J]. Genome Research, 1998, 8(3): 186 - 194.

[104] KIM D, PERTEA G, TRAPNELL C, et al. TopHat2: accurate alignment of transcriptomes in the presence of insertions, deletions and gene fusions[J]. Genome Biology, 2013, 14(4): 167 - 171.

[105] LANGMEAD B, TRAPNELL C, POP M, et al. Ultrafast and memory - efficient alignment of short DNA sequences to the human genome[J]. Genome Biology, 2009, 10(3): R25.

[106] JIANG H, WONG W H. Statistical inferences for isoform expression in RNA - Seq[J]. Bioinformatics, 2009, 25(8): 1026 - 1032.

[107] FLOREA L, SONG L, SALZBERG S L. Thousands of exon skipping events differentiate among splicing patterns in sixteen human tissues [J]. F1000Research, 2013, 2: 188.

[108] ELOWITZ M B, LEVINE A J, SIGGIA E D, et al. Stochastic gene expression in a single cell[J]. Science, 2002, 297(5584): 1183 - 1186.

[109] HANSEN K D, WU Z J, IRIZARRY R A, et al. Sequencing technology does not eliminate biological variability[J]. Nature Biotechnology, 2011, 29(7): 572 - 573.

[110] ROBASKY K, LEWIS N E, CHURCH G M. The role of replicates for error mitigation in next - generation sequencing[J]. Nature Reviews Genetics, 2014, 15(1): 56 - 62.

[111] SCHULZE S K, RAHUL K, MEIKE G, et al. SERE: Single - parameter quality control and sample comparison for RNA - Seq[J]. BMC Genomics, 2012, 13(1): 524.

[112] WANG H, MAURANO M T, QU H Z, et al. Widespread plasticity in

CTCF occupancy linked to DNA methylation[J]. Genome Research, 2012, 22(9): 1680 – 1688.

[113]薛东齐. 番茄抗叶霉病 *Cf* – 12 候选基因的筛选及抗性应答机制分析 [D]. 哈尔滨: 东北农业大学, 2017.

[114]SINGH B S, FOLEY R C, OÑATESÁNCHEZ L. Transcription factors in plant defense and stress responses[J]. Current Opinion in Plant Biology, 2002, 5(5): 430 – 436.

[115] MBENGUE M, CAMUT S, DE CARVALHO – NIEBEL F, et al. The Medicago truncatula E3 ubiquitin ligase PUB1 interacts with the LYK3 symbiotic receptor and negatively regulates infection and nodulation[J]. Plant Cell, 2010, 22(10): 3474 – 3488.

[116]JOURNOT C N, SOMSSICH I E, ROBY D, et al. The transcription factors WRKY11 and WRKY17 act as negative regulators of basal resistance in *Arabidopsis thaliana*[J]. Plant Cell, 2006, 18(11): 3289 – 3302.

[117] PEKÁROVÁ B, SZMITKOWSKA A, DOPITOVÁ R, et al. Structural aspects of multistep phosphorelay – mediated signaling in plants [J]. Molecular Plant, 2016, 9(1): 71 – 85.

[118]LIU Y J, GUO Y L, MA C Y, et al. Transcriptome analysis of maize resistance to *Fusarium graminearum* [J]. BMC Genomics, 2016, 17 (1): 830.

[119] PIETERSE C M J, DOES D V D, ZAMIOUDIS C, et al. Hormonal modulation of plant immunity [J]. Annual Review of Cell and Developmental Biology, 2012, 28(1): 489 – 521.

[120]TAHERI P, IRANNEJAD A, GOLDANI M, et al. Oxidative burst and enzymatic antioxidant systems in rice plants during interaction with *Alternaria alternata*[J]. European Journal of Plant Pathology, 2014, 140 (4): 829 – 839.

后　记

承认自己的无知可开启智慧的大门。初为老师，我时常在和前辈、同事的交流中发现自己的有限性。我们的有限性，让我们无法获得对世界的整体性认识，也正是有限性驱使大家在追求真理的路上不断前行。

在前行的过程中，保持一颗求知的心，对新事物和新知识保持好奇心，才能够探索。本书写成时，心情也是忐忑的，太多相关的经典的研究摆在前面，而我总是担心文献看得不全面或者是没有理解经典试验的精神，对试验产生错误的判断或者结论。希望所有的错误都可以被更正，从存疑，到提出假设、验证结论，所有科学都是一个去伪存真、不断改进和更正的过程。

感谢本书写作过程中东北农业大学番茄课题组的老师和同学们。感谢我的导师许向阳对我的理解和支持。感谢父母和姐姐对我的关心和爱护。感谢我的爱人一直包容、理解我因为试验不顺利而产生的坏脾气。感谢所有合作过的公司，容忍我每一次都需要不断完善的个性化分析。再次谢谢所有一起走过风雨的同学、同事。本书中的试验完成过程是一个自我成长的过程，而这个过程是不断向自己妥协，也向别人妥协的过程，除了结果文件，没有对和错的区分。

希望我们都在追求真理的道路上稳步前行，希望所有的有限性可以因为眼界和坚持有所拓展，希望我们走得再远都不会忘记最初选择科学研究的初衷，希望所有试验结果的不完美都会被后续的科技发展所更正！